U0046942

not only passion

not only passion

Sex Tips for Straight Women
from a Gay Man

男同志給女人的性愛指導

著＝丹·安德森 Dan Anderson
　　瑪姬·柏曼 Maggie Berman

譯＝但唐謨

dala sex 004

搞定男人──男同志給女人的性愛指導
Sex Tips for Straight Women from a Gay Man

作者：丹·安德森（Dan Anderson）& 瑪姬·柏曼（Maggie Berman）
譯者：但唐謨
插圖：BO2
責任編輯：呂靜芬
校對：夏日雨、呂靜芬
企宣：吳幸雯
美術設計：楊啓巽工作室
法律顧問：董安丹律師、顧慕堯律師
出版：大辣出版股份有限公司
　　　台北市105南京東路四段25號11樓
　　　www.dalapub.com
　　　Tel: (02)2718-2698　Fax: (02)2514-8670
　　　service@dalapub.com
發行：大塊文化出版股份有限公司
　　　台北市105南京東路四段25號11樓
　　　www.locuspublishing.com
　　　Tel:(02)87123898　Fax:(02)87123897
　　　讀者服務專線：0800-006689
　　　郵撥帳號：18955675
　　　戶名：大塊文化出版股份有限公司
　　　locus@locuspublishing.com

台灣地區總經銷：大和書報圖書股份有限公司
地址：新北市新莊區五工五路2號
Tel：(02)8990-2588　Fax：(02)2290-1658
製版：瑞豐實業股份有限公司
初版一刷：2004年7月
初版二十七刷：2019年5月
定價：新台幣280元

ISBN 957-29766-2-1

3

搞定男人

4

5

搞定男人

6

搞定男人，爽到女人

文＝**蘇士尹**（柯夢波丹總編輯）

男人喜歡怎麼做愛？他喜歡妳怎麼摸他、觸他、吻他？摸哪裡、觸哪裡、吻哪裡？妳這麼摸、那麼吻，他倒底愛不愛啊？

男人和女人就像活在兩個不同世界的人，特別是「炒飯」這檔子事，妳搞不懂他的感覺，他搞不懂妳的感受。神造亞當和夏娃後，亞當和夏娃的不同，變成了人類最大的謎團，有人參了一輩子，還是搞不懂另一半在想什麼。

人類參了這麼多世紀，性書寫的畫的這麼多，依舊是人們熱中的話題，瞧瞧咱們家的雜誌愈賣愈好，兩性談話節目愈開愈多，就看得出，這可是人類討論萬年千年也不厭倦的話題！

還好還好，進入二十一世紀後，人類這個大謎團，見到了一線曙光！

感謝上蒼，感謝同志，因為他們的存在，讓我們重新以不同的眼光檢視，我們這樣的愛，到底做得對不對，對方是不是被我們愛得很爽、很舒服？

得天獨厚的，同志們比起異性戀的絕大多數人，更能、更懂得享受性愛的樂與美。他們既了解自己的生理構造，又了解對方的需要。當你以為自己已經懂得很多，什麼性愛姿勢、知識都讀爛，倒背如流，但透過他們的觀點，依然可以發現，原來，還有那麼多的細節可以再三玩

自大辣出版《搞定女人》後，殷殷期盼著，何時啊何時，才看得到《搞定男人》咧！千呼萬喚，大辣怎麼會忽略女性同胞的心聲呢！若說《搞定女人》最值得男人學的，就是女同的「口舌之功」；那麼《搞定男人》，從柯夢的觀點，最實用、最值得推薦的就是「巧手奪春」，雙手萬能啊！妳的纖纖玉手就能為妳創造無限的「性」福，至於進階版「口技」、「逗蛋」，更是一絕。

但書中許多高難度的技巧不見得人人學得來、做得來。最後一章〈丹尼哥哥信箱〉裡，讀者問到男朋友不幫她口交，只想享受她幫他做的樂趣；作者回答得直截了當：「別再為他口交了！」

「隨性所慾！」當妳讀著、學著所有技巧的同時，請切記這四個字；喜歡就做，不喜歡就別做。性愛，是兩個人共同創造的世界，它不是solo秀（雖然偶爾也可以solo達到高潮），每個人都有不同的癖好和罩門，琳瑯滿目的性愛技法，不見得全部適用於你倆。性愛該是享受，而非酷刑！

雖說男女交往時，免不了會勉強自己、強迫對方，也請抱持著開放的態度試試看，畢竟，想像和實際體驗不盡然相同，也許試了之後，會喜歡上新法子也說不定；相反的，一旦發現還是不愛，就別再勉強了吧！把自己的感覺告訴對方，這個地雷，還是別碰了，免得渾身熱情快速退到冰點。

除了技巧外，在書裡，會發現同志們所營造出來的性愛，真的是走精緻、優雅路線，而且這與他們淋漓的高熱

9

度性愛，一點也不衝突。他們照顧到每一個細節、注重性愛的氣氛，同時還能盡情享受性愛的竅門在於――萬全的準備。

「性愛的動作本身，並無法造就出完美的性愛。性愛就像良好的交談，大家都會說話，但是有些人對於語言就是特別精通。重點並不是說了些什麼，而是怎麼說。參加演說課程，可以增進語言表達；如何增進性愛技巧，也是需要學習。」

快快快，等不及了吧！這可是搞定男人的同時，還可以讓女人更享受性愛愉悅的好事呢！

只有男人知道女人應該怎麼做

文＝**但唐謨**

男同性戀實在是這個世界上最愛玩、也最會玩的一群人。台北只要是出現了一個最新、最chic的好玩遊樂地，馬上就會被男同志占領；只要一有什麼新的藥、新的玩具、新的穿法、新的玩法，男同志永遠是搶先嘗試。男同志真的是得天獨厚啊！他們沒有傳統家庭觀念的束縛，沒有身體的禁忌，他們可以天天玩，天天玩。

在性愛方面，男同志更是無所不用其極，不怕太爽，就怕有人爽得不夠。而男同志的性愛語言，也是天馬行空，百無禁忌。《搞定男人》這本書，就用男同志的那股驚天駭地的語言來解讀性愛，教導異性戀女性，如何把男人玩到更徹底、更極致。

長久以來，我們對性愛的觀看，似乎僅止於女性的身體。男人的身體是個大祕密，如何讓男人在床上開心，更是個大家都故意避免的禁忌話題。傳統A片中一場完美的性愛，大屌猛男總是最後的英雄，所有的功勞都歸功於他的賣力，被壓在下面的女性雖然被觀看，但是最爽的也是她（雖然不知道是不是真的很爽）。而那個男的卻好像有點無辜，因為他不是主角（女主角才是主角），我們不確定他是不是爽了；再說，他大概也不願意不知羞恥地在高潮的

11

時候大聲吆喝嘶吼，好像男人的爽只能暗爽，不能公開；但是對於男同志，大方表現出你的爽，完全不是問題，反而是一種特權。

身體的瞭解是性愛的基本，最了解男人身體的也還是男人；而膽敢把男人的身體，不知羞恥地講出來，莫過於沒有男人就會死的男同志。現在，出櫃的時候到了！別忘了，男同志和女生是永遠的姊妹淘，大家都有共同的興趣，就是「男人」。現在就讓大家手牽手，一起把男人的「爽」給解放出來吧！。套句黃哲倫《蝴蝶君》主角宋麗玲的名句：「只有男人知道女人應該怎麼做。」在這本書中，看到男同志和女人這麼地合作要好，有一種奇異的幸福感。

《搞定男人》另一個重要的啟示是性愛方式的多元。玩男人的方法變化多端。這本書所描述的各種性愛招式，很少把焦點放在男人該怎麼插，什麼幾淺幾深的奧妙理念，這本書完全不鳥。男人的身體氣象萬千，就像一個拓樸學中的多次元空間，繁繁複複的幾何結構，每一吋都有可能是值得大肆開發的處女地。

其實這本書最大的功勞也在於此。我們早就應該打破那種「插入是唯一性愛模式，生殖是唯一性愛目的」的可怕觀念。男人的身體是很好玩而且很結實的，發揮妳想像力去頂去撞、去吹去弄，在這本書的指導原則下，盡情探索男人的每一方吋，讓他知道妳也是超級大玩家。

翻譯這本書，可說是一個又香辣又實用的過程，一方面激發了對於人類身體奧妙的讚美，一方面也感嘆，原來

完美的性愛，是要費心思的。

　　這本書能夠成形，得感謝大辣文化對性文化的開發，感謝紀大偉先生熱心的語言諮詢，以及陳獻忠先生的協助。也希望這本書的出現，能夠讓台灣的性議題更加豐富多元。

13

男同志所知道的東西，
連異性戀男人都不知道

文＝丹尼與瑪姬

　　或許早在妳洞悉生命奧祕之前，就已經知道了「性」這回事。如果你是個男孩子，應該很快就發現自己身上的某些生理構造，除了可以製造出嬰兒，竟然還讓可以自己「爽」。如果妳是個女孩子，妳的生理愉悅或許並不是那麼明顯。但是每當妳和兄弟共處一室，或和家人去裸體海灘遊玩的時候，妳一定會發現，男孩和女孩確實不一樣，讓妳覺得非常困惑。為了避免讓妳陷入佛洛伊德的標準情境中，我們打算先給妳一點震撼教育。年輕的女兒闖進浴室，撞到正在淋浴的父親，問道：「爸爸，你下面長的那一根東西，是幹什麼用的啊？」如果父親夠聰明，口才好，他會回答道：「艾蜜莉，如果妳也長出這一根東西，」父親一面用手指向女兒的下體，一面說道：「妳就可以享用妳下面長的那種洞。」

　　陽具崇拜的迷思消除之後，問題還是存在。如果妳是個女孩，可能妳從父母身上、詳細解說的書籍，或動物頻道中，知道了這些器官的功用。但有些事還是令妳不解。電視上出現的河馬交配動作，除了展示了一個性愛姿勢，仍然無法詳盡地說明性愛這件事的真實面貌。母河馬在做

14

愛的時候，看起來似乎滿不在乎。牠為什麼滿不在乎呢？母河馬似乎很心甘情願做那件事，甚至不會去好奇公河馬是不是在想著：「哇！這隻母河馬真性感哪！」

我們並不想毀滅妳觀看動物頻道的樂趣，然而人類特殊的意識狀態，可以從經由「性」而獲得生理和情感的愉悅。畢竟，我們從小就知道，不管幹什麼事，都到幹到最好的境界才行。但是女孩卻面臨困境。女孩子們當然可以「運用她們所擁有的，去獲得她們想要的。」但是由於女性並非全盤「擁有」所有的工具，因此她們明顯處於劣勢，在沒有男人的狀況下，無法暫時借個東西，琢磨性愛技藝。可是，別忘了！熟能生巧，多練習總能達到完美。

所以，女性應該去哪裡學習性愛呢？在妳年輕的時候，妳會和最好的姊妹口無遮攔地談性說愛，這可能是妳唯一真正可以談到「性」的時候。妳還記得在那些睡衣派對中，大家都握著拳頭，親吻著手，以練習接吻技術。妳也曾經塗上口紅，在鏡子上親吻，判斷自己在接吻的時候，嘴應該張到多開。可怕又可愛的法國式接吻，又是怎麼一回事呢？好吧！妳可能會說，小女孩才會有這些疑慮，但是女孩長大之後呢？我們每個星期四晚上，都會在女生宿舍舉辦女性成長聯誼會。在討論中，大家談到彼此的性經驗，談到某個男人的性企圖，有時候也會談到按摩棒的用法。這些對話可以讓女孩子們互相比較彼此的經驗，但是還是沒有人知道，男人的腦袋裡面到底在想些什麼？男人身上其他部位，更是奧祕中的奧祕。

當妳再長大一點之後，或許有了男友、丈夫。在一起

15

做愛時，妳的男人會說：「哇！真棒！」但是這種模稜兩可的口頭表達，只是隻言片語，無法真正提供線索證明：妳真的做得非常好。男人和女人顯然都知道，指出性伴侶的過失錯誤，是非常糟糕的床第禮節。所以，女人到底應該怎麼做，才能知道自己到底做得好不好呢？她怎麼知道男人是真的喜歡？還是他太容易滿足呢？如果女人向男人詢問：「你喜歡這樣子？還是喜歡那樣子？」她所得到的答案或許都是：「妳怎麼做都好。」男人都很隨和，因為他們很清楚：如果說錯了話，後果不堪設想。

女人並沒有「工具」可以自我練習，得到爽快感覺。即使有些幸運的女孩，有男友、情人、丈夫陪在一旁；但是她們仍然無法從男人身上得到誠實的回答，更無法獲得任何操作指導。女人都很清楚，只要她的伴侶是個男人，她就無法從伴侶身上找尋真相。

那麼，身為女性，該怎麼做呢？男人正確的生理反應是什麼？男人做愛的時候為什麼會呻吟？解答這些問題，最終還是要回到問題的源頭——男人。而能夠解答這些問題的男人一定很特別，他不但要能知道自己的性喜好，也必須有機會知道其他男人的性喜好。這樣的男人，除了一個真誠好心腸的男同志，還有誰能勝任呢！男同志所知道的東西，連異性戀男人都不知道呢！

這一本小書並不是臨床手冊，主要的目的也不是為了幫助女人擄獲男人。本書提供了許多只有行家才知道的性愛祕技。我們當然無法保證，學會了這整本書的絕招之後，妳就可以變成泰國最受歡迎的辣女。《搞定男人》就

像一個好的運動教練，讓女性可以從男性身上得到第一手資料，知道自己該怎麼做，才能在性愛上精益求精，更上一層樓。此外，這本書也提出了很多其他足以讓男人爽翻天的東西；更重要的是，我們也描述細節，按部就班教妳怎麼做。運動練習之前，都要先自我健康檢查，我們也建議妳在開始之前，先評量一下自己的生理狀況。做對妳好的事，做對妳伴侶好的事，而且歡迎用妳所學普渡眾生。

　　妳可能是年輕生手，也可能是結過三次婚的沙場老將。妳們都希望在人生的性愛課題上，有著非凡的成就。無論妳想「搞定」妳的男友、丈夫，或是送比薩的小弟，這本書都會讓妳的性愛生活更加美好。如果妳生來好命，已經享受了美好性生活，那麼妳就繼續享受性的美好吧，反正好事永遠不嫌多。

17

前言

我可以看你的日曬痕跡嗎？

幾年前，在和丹尼與瑪姬在一系列交談中，激發了
《搞定男人》這本書的原始概念。丹尼和瑪姬是我們多年的
朋友，在往來的前幾年，大家曾經一起去酒吧喝調酒，親
密地交心。

我們談到工作、談到剪頭髮、談到買衣服，通常第三
杯酒下肚之後，談論的話題就變成了——男人。我們開始
討論如何找尋男人？如何把男人留住。如果我們之中有一
個人出去約會，我們就會談論那個約會的男人，討論他約
會做了些什麼，但是卻從來不會討論到「性」。我們不太會
問：「你搞到了嗎？」這種問題，因為如果真有人搞到
了，我們可能會在凌晨三點鐘，打電話告知所有的人。我
們是非常親密的好朋友，只不過丹尼是個男同志，而瑪姬
是個異性戀女人。

有一次瑪姬和一個男士開始約會。這個男人買了一件
亮黃色的凡賽斯外套，但是卻沒有勇氣穿在身上。他家的
牆壁上還掛著一些布魯斯·韋伯（Bruce Weber）——美國
知名人體攝影師的攝影作品。我們懷疑這個男人有可能是
個同性戀。自從這個男士出現之後，我們喝雞尾酒交談的
話題，開始轉到了「性」的方面。這個男人的動作，並不
那麼明顯地可以看出來他是同志，而是一種很難被界定的
感覺。

丹尼問道：「他長什麼樣子？」「他喜歡做什麼呢？」
無論如何，這個男人似乎少了些什麼，讓瑪姬覺得非常不
安。瑪姬覺得，如果這個男人真的是同性戀，那麼她可能
沒有機會在床上讓他開心。為什麼呢？因為瑪姬總是認

為，男同志之間的性愛一定有某些特別之處，因為有這麼多的男同志都在搞啊！瑪姬的問題並不是這個男人不努力，而是他無法硬起來。就像把蘑菇塞進鑰匙孔，根本行不通。她也知道，粉紅內衣、食用內褲、草莓口味的按摩油，全部都沒有用。何況那並不是她的風格。瑪姬最後終於沮喪地問道：「我該怎麼辦呢？」

瑪姬仍然照常上下班，但是性生活方面的問題，仍然沒有解決。有一天大家下班之後，事情突然有了轉機。那天傍晚，丹尼終於耐不住性子問道：「妳到底做了什麼？」於是瑪姬爬到地上，擺出性愛姿勢，即使她身上穿著新買的亞曼尼套裝，仍然盡量努力地模擬性愛動作。丹尼一看，馬上從他在同志圈多年累積的性愛經驗，提供了許多建議。雖然性感內衣褲和按摩油在性愛過程中，可以消磨許多美麗時光，也能讓性愛充滿歡樂氣氛，可是丹尼了解到，瑪姬所需要的其實是一些專家的技術協助。她現在應該學習一些獨門祕技。

在一個風和日麗的日子裡，我們帶著食物來到公園裡做午餐會報。下了班之後，我們會在公園裡坐上好幾個小時，談論著約會、流行設計，以及男人的老二。

我們的雞尾酒交談越來越勁爆，越來越有活力，大家也越來越熱心。而且，我們其他的女性朋友也想知道這方面的事，各種年齡、地區，以及生活背景的女性，都希望加入我們的討論。很快地，我們接到了無數的電話，要求這方面的協助和諮詢，讓我們忙得不可開交。

丹尼非常願意提供自己的親身經驗，造福所有的女

性，可是要求諮詢的人太多，丹尼實在招架不住了。有些是他從來沒遇到過的女性，有些是他朋友的朋友，每天都有一大票人打電話到他的辦公室，要求他解釋什麼是「珍珠項鍊」（見第十章）。經過丹尼的面授機宜，她們都得到了滿意的解答，有個女孩子很滿意地稱讚道：「丹尼很厲害，他有一大袋絕招。」

當然，你可以想見，之前提到的那個穿凡賽斯外套的男人，後來跟一個叫做葛瑞格的男人，開始了一段長久的愛情。而瑪姬呢？她從丹尼身上學會這些招數之後，確實身體力行，變得大受歡迎。關鍵點在於：性愛的動作本身，並無法造就出完美的性愛。性愛就像良好的交談，大家都會說話，但是有些人對於語言就是特別精通，重點並不是說了些什麼，而是怎麼說。參加演說課程，可以增進語言表達；如何增進性愛技巧，也是需要學習的。

有一次，我們去參加一個超級盃的派對，在場還有另外兩對夫婦。當兩位丈夫跑去喝啤酒的時候，我們和他們的妻子一起品嘗著瑪格麗特。快要散席之前，一位太太提到自從有了孩子之後，他們的性生活就不一樣了。瑪姬則回應道，她的性生活卻因為運用了丹尼提供的獨門妙招，而大大獲得改進。於是丹尼對兩位妻子解釋了一下男人的生理結構，示範一下打手槍的正確方式。兩位妻子突然眼界大開，進入了另一個絕妙的世界。

她們好奇地問丹尼：「你還知道些什麼呢？告訴我吧！」丹尼答道：「妳有沒有試過捏他的奶頭呢？」聽到丹尼的回答，兩位妻子面面相覷，眼神中充滿著茫然和罪

惡感。然後她們轉向丹尼問道：「男人的奶頭也會有快感嗎？」場子突然變得很冷，大家都說不出話來了。

　　現代女性似乎都有一點共識：要採取主動，不可被動。過去男性炫耀自己高超性能力的時代已經過去了，我們可以同意這一點。但是我們都知道，男人，以及男人的老二，都是沒有耐心的，需要一直被關愛才行。當然，男人偶爾也會靈光一閃，巧思乍現。但是在大部分的時候，性愛就只是接吻、撫摸、接吻、撫摸、接吻，然後突然插入。「我覺得不錯，妳覺得如何呢？」並排躺在床上接吻、撫摸當然很好，但是一些新鮮的變化，卻能讓你的男人得到更刺激的感官享受。他絕對會喜歡的。

　　每個人都知道基本的性愛技巧。如果妳正和某個男人交往，這本書所提供的妙招，一定能夠讓他很快地向妳求婚。如果妳已經結婚，或者有了交往很久的男友，運用這些性愛絕招，會讓妳的伴侶懷疑妳是不是另有高人指點。告訴他！把這本書當作妳的私人教練，不用花太多錢就可以有這麼好的教練，甚至還不必出門呢。

我可以看你的日曬痕跡嗎？
Can I See Your Tan Lines?

　　我們提出這麼簡單的一句話，因為這樣一個無傷大雅的問題，可以讓妳的好事進行得更順利。當有機會發生性愛的時候，男人大都直截了當，不隱形、不迂迴，想要直搗黃龍。他們都不喜歡被限制，不喜歡困在地鐵裡好幾個

小時的感覺。所以，**關鍵就在於妳的態度不要太精巧，不要太過龜毛，大膽一點。**

面對這件事實吧！妳一定不喜歡照著女性儀態手冊的指導去面對賓客，那樣做不但讓妳感覺像個白癡，也讓妳坐立難安，渾身不對勁。如果妳太精巧，就好像妳在家做了一道大廚級的晚餐，但是他卻只會覺得吃得太脹，而且他也不好意思熱情澎湃地跳到妳身上，因為妳花了這麼多精力做菜，一定很勞累了。雖然說，要抓住男人的心，得先抓住男人的胃，但是在這個例子中，妳的目標還是放到胃下方的重點部位比較合適一點。

男同志都很有辦法，他們都懂得運用簡單的一句話，把對方的衣服扒掉。除了「我可以看你的日曬痕跡嗎？」這句話，妳也可以試試以下這些簡單的句子：

針對妳的銀行家男友：「哇！你有練過喔。秀秀你的肌肉吧！」

針對妳的英國嬉皮教授：「你的大腿上真的有一個『和平』圖案的刺青嗎？」

針對妳西裝筆挺的會計師：「等一下，我幫你把西裝褲上面的髒東西拿掉。」

針對妳的醫生：「你可不可以幫我看看我身上的咬痕？」

針對你在酒吧認識的新朋友：「我得走了。你可以陪我走回家嗎？或者載我一程？」

針對送貨小弟：「等一下，我的皮包在臥室。」

諸如此類的變化句型，多到不勝枚舉。男人都很聰明，聽得出妳話裡的玄機。妳只需要把這些無敵箴言從口中吐出，然後，一切都會如妳所願。

抓了就上！
Just Grab It

我們在談論男人這方面事情的時候，經常會遇到這樣的問題：妳已經把男人釣到了安打的位置，卻不知道下一步該怎麼做。妳當然可以閃爍著誘惑的眼神注視他，也可以用雙手環繞他的脖子，獻上深情的一吻；或者妳也可以輕輕地、帶著誘惑地按摩他的脖子或背部。這些都是可行之策，但是到了最後，只有一個絕招才是必勝不敗之策。那就是：深呼吸，發出一個可以被他聽到的吐息聲，然後，抓住他的屌，直接上！

妳或許會想，如果這樣做，他可能會覺得妳是個婊子啊。等一下！「可能」覺得妳是婊子，只是「可能」而已啊！而妳現在勇敢地採取了主動，這樣的傑出表現，馬上就會把妳的憂慮清掃一空。妳這樣做，會讓他非常非常開心。淑女只要稍微主動一點，就什麼都吃得到。

「抓了就上！」不僅是一個良心的建議，更是一種生活的方式，一種生命的信念。

第一章

什麼該做，什麼不該做
Dos and Don'ts

在我們開始傳授性愛招數之前，妳必須先有些基本認知。
對於男同志而言，每次做愛都是一場空前絕後的演出：幹
了這一次，可能就沒有下次了。女性朋友可以在做愛之後
的早晨，從冰箱拿食物出來做早餐給男人吃，賓主盡歡，
還得到獎勵；而男同志才不管第二天的早餐——男同志都
很清楚，他可能不會和這位激情性伴侶長相廝守。

所以男同志並不在乎他和床上的性伴侶會不會天長地
久，而只在乎是否曾經擁有，力求每次性愛的每個細節都
達到盡善盡美的程度，他們總會盡其所能，導演出一場開
天闢地以來最美妙的性愛史詩。所以，這本書裡的某些性
愛招式或許很誇張，卻是非常值得效法的經驗。學起來，
一生受用不盡。

工欲善其事，必先利其器
Clean Up Your Act

不管妳是不是剛剛健身完畢，做愛前沖個澡總是好
事。妳以前或許比較不在乎做愛前有沒有洗澡，反正妳是
性愛的接受者，而妳的他是四分衛明星球員。但是現在要
改變舊有的性愛模式，妳的手、妳的嘴，還有妳的鼻子，
都蓄勢待發——想知道將要跟妳廝磨的身體乾不乾淨。男
性體味可能很有魅力，但是總沒有人願意用臉去聞舊球鞋
的髒臭味吧？來一場體熱發散、汗水淋漓的性愛當然很過
癮，但是在還沒有開始做愛就已經一身汗臭，好像就不是
那麼盡興了。

27

如果是出門約會，他有可能在出門前先洗過澡。但是，他在辦事之前，可能才剛剛遛完狗，或剛剛幫妳修好洗衣機——身上恐怕有三合一機油或其他奇怪的味道，好像是舞會裡殘留的菸酒味。

妳大概也有類似的經驗：中看，但不中聞。時尚雜誌上介紹的銀亮色塑膠褲看起來或許性感誘人，但是如果穿上這種褲子，聞起來可能會像暴風雨後的海灘，臭得一塌糊塗。我們並不建議妳在氣味方面過於斤斤計較，但是，好的味道的確會讓性愛過程舒服許多。

跟妳講個巨星雪兒的八卦：她看上一個非常性感的壯丁，然後就下令說道：「把這男人洗了，帶到我帳篷裡。」雪兒或許可以派人幫她去把男人洗乾淨，但是，除非妳是克勞蒂亞雪佛，或是很有錢的美麗佳人，否則，無論在什麼情況下，都不要用命令的口氣叫他去洗澡。

妳故做高貴的姿態，會讓他馬上失去興趣，覺得自慚形穢。所以最好有技巧一點：「哦！我一看到你，就渾身熱起來了……我得去洗個澡，冷卻一下。」然後，妳深情地看著他的眼睛，幫他寬衣解帶。他會在妳的擺佈下被催眠，然後乖乖去洗澡。他進了浴室之後，不需要哄騙，就可以令他就範，跟妳一起洗鴛鴦浴。如果他還是很緊張，就給他一個誠摯的邀請吧。

萬一他不吃這一套，妳就說，好吧，妳要洗個澡。記得把浴室門打開一點點，脫光衣服，站到蓮蓬頭下面，讓水沖著身體，然後向他招個手，請他幫妳從梳妝檯拿香皂、毛巾或沐浴乳。接下來要如何讓男人一起和妳沖澡，

就看妳了。

除了在性愛之前沐浴淨身之外，有些性愛前的基本常識，都是女性雜誌所忽略的。

謝絕珠光寶氣
Baubles and Beads

妳有沒有發現？男同志很欣賞妳身上的珠寶，但是他們自己卻不見得珠光寶氣。或許閃亮晃動的耳環和毛絨絨的首飾配件，真的會讓男同志們悠然神往；但是，男同志才不希望自己的陰毛被網球護腕纏到。妳也不希望發生這種慘事吧？

就算是在耳朵、鼻子或肚臍上小小的一顆鑽石，也可能造成很嚴重的傷害。別忘了，鑽石能切開玻璃，當然也能傷到皮膚，像手錶、戒指、腳環之類的東西，做愛之前就該取下。

性感內衣的確能讓男人性慾大增，但是如果內衣上面那些精緻的珍珠墜子、水晶鈕釦和他的胸毛纏成一團，或在他的皮膚留下凹痕，那就實在很淒慘了。盡量穿簡單一點吧！反正，不管穿多少件內衣，遲早妳也會被扒光。

不要張牙舞爪
Don't Get Nailed

男人都喜歡女人美妙的彩繪指甲，也喜歡被妳的指甲

29

輕柔地抓背；但是，大家都不希望在床上撿到假指甲。如果男人第二天在床單上找到了一片妖怪般的瓷漆指甲，他可能會被嚇個半死，更糟糕的是，他可能會猜想妳整個人都是假的。

有教養的男同志（難道世界上有沒教養的男同志嗎？）對於指甲的修剪，要求非常高。所以，務必保持指甲的整齊和平滑——因爲妳永遠無法預料，妳那美麗的指甲會探索到哪個美妙的部位。

致命女人香
Scents and Sensibility

女性雜誌大量傾銷香水的妙用，但是別忘了，這些香水廣告正是雜誌的大客戶，廣告上的說詞，可能與事實背道而馳。

男人和女人不一樣，他們並不覺得香味是個太美妙的東西，而且，香味也沒什麼大用處。如果妳的男人不記得妳的生日，他又怎麼可能記得妳的味道呢？或許他喜歡妳用的香水牌子，但是他可不希望他的床單、襯衫和沙發，全沾上那個味道。稍微適度抹一點香水是不錯，但是千萬不要過量。

此外，環境中充滿污染物和讓人過敏的東西，很少人能夠完全避免。如果當妳小鳥依人般地靠著他，正在和他熱情親吻，他卻打了一個大噴嚏，那就太殺風景了。

優質衣料
Tips on Texture

絨面質料、羊毛、絲質和皮革，無論是觸感或氣味，都是合適的衣物質料。不要穿刺人的毛料或廉價僵硬的蕾絲花邊，因為這些質料會讓妳流汗流到像隻母豬。

還有一件事務必注意：不要懷疑，妳的陰毛可能會讓他的屁股或下巴感到不適——就像他的鬍渣也會讓妳的臉感到不舒服。性愛專家的經驗指出，使用潤髮乳，可以讓妳的陰毛柔順服貼，避免性愛過程中體毛所帶來的刺痛。

小心毛髮
Hair Hints

當妳急著想用手指撥動他的頭髮之前，請注意一下他的髮質和髮型。他的髮型是不是老是同一個樣子？髮質會不會有點奇怪？我有個同志朋友叫丹尼，希望妳不要犯下跟他一樣的錯誤。丹尼哥哥每次想用手指撥弄他男友的頭髮，總是會被男友用手擋掉。有一天，丹尼哥哥豁然領悟到，原來他男友的頭髮不是真的，而是編織出來的，一撥就毀了。所以，如果妳想在草坪上嬉戲，請確定那不是人工草坪。

很多女人都不懂如何對待男人的體毛。撫摸或舔弄毛茸茸的男性胸膛、大腿或小腿，一定要輕柔小心。除非妳

是在抓癢，否則一定要把力量放在肌肉，不要在皮膚表面過度玩弄。激烈的撫摸或許讓妳感到興奮，但是也有可能導致他拔毛之痛。

乳液、乳霜，或是按摩油，有可能造成反效果，請務必正確使用。我的朋友佛列迪和艾奎多發生過一件妙事。有一天晚上，佛列迪和艾奎多在一起溫存，兩個人都很愛按摩油。他們熱情做愛，從臥室一路幹，幹遍每一個房間，激情擁抱挺進，用力衝撞屋子裡的每一面牆。

第二天早上他們醒來，看到天亮之後的屋子，嚇得呆掉了。原來佛列迪精心維護的昂貴古董壁紙，全沾上了他們的手、背、屁股的痕跡，油膩膩的印子到處都是。用油可以，但是請不要太誇張。

32 別說殺風景的話
Conversation Stoppers

談話的時候，不要談月經、濕疹、黴菌感染或人工除毛，這些話題會讓異性戀男人卻步。把這些婆婆媽媽的話題，留給妳的姊妹淘吧。

我們有個朋友是位國際貿易商人，他有一次和一位聰明幹練的女士約會。這個女士外表甜美亮麗，但是幾杯酒下肚之後，她開始自暴其短，擺明了自己就是一個胸大無腦的村姑。我的朋友一直忍耐著聽她講她的褲襪。當她說起自己強大的私處撐破了她的褲襪，這兩人也玩完了。

唭咬終結者
Bite Bits

　　我們要提醒妳最後一件事。有個男人，我們戲稱他爲「英倫吸血鬼」，他曾經有過很慘痛的遭遇。這個男孩很可愛，也很熱情，可是他在做愛的時候似乎很沉迷唭咬——不顧一切地咬。對方一次又一次用溫柔的愛意，表明態度請他不要這樣咬，但是他依然故我，每次都要狠狠地咬，從不妥協。有一天，他在丹尼哥哥的背上咬出了一個很深的齒痕，終於在不愉快的氣氛下被推開。

　　所以如果要咬，一定要非常溫柔、非常含蓄，而且要看狀況咬，別讓人家覺得妳的口腔比性器官更淫蕩，或者以爲妳晚餐沒吃飽。而且，千萬千萬不要在他身上留下淤青。在人家身上種草莓，是高中生才幹的幼稚把戲。

第二章

精心打理親熱的房間

The Properly Appointed

Bedroom

布置性愛舞台
Setting the Stage

做愛的環境就像劇院，只要舞台道具安排得當，任何一場演出都會光芒四射。想像一下妳正在規劃自己的表演空間，妳要讓空間裡的每一樣道具，都能協助妳的演出，提高演出品質。

想像自己彷彿沐浴在舞台中央的聚光燈之中，妳該怎麼做呢？臥室裡得體的配件擺設是絕對不容忽視的，精心的準備策劃，可以讓妳的演出輕鬆愉快。想想，妳的舞台就是一個美麗的誘惑。有正確的器具和材料，才能做出一頓美味大餐啊！

妳可能會以為男人只在乎做愛，而不會在乎在哪裡辦事；但是，如果做愛的環境導致男人疼痛，或享受性愛的時候礙手礙腳，男人還是會有意見的。大家都聽過一些奇聞軼事——有人做愛的時候，衝撞太過用力，結果把老舊的床架給壓垮了；有人在猛烈做愛的時候，頭部一直重擊著牆，結果痛得要死；或者更慘的是，做愛時床單碰到旁邊的蠟燭而起火燃燒。

我們認識一對情侶，他們對做愛興致高昂，也很喜愛收藏古董床舖，可是他們做愛的時候會撞來撞去，於是幾乎每天晚上，床墊都會穿過古董床架的空隙，掉到地上。這個問題最好的解決辦法是：設計一個特製的鋼架，裝到原來的古董床架上，這樣既可以讓性愛圓滿順利，也可以保留傳家之寶。

這些糗事,或許在第二天上班時,可以當成茶水間的勁爆話題,但原本是高水準的性愛表演,卻因此而扣了很多分。請記住,我們所提供的性愛妙招,是希望讓妳像個明星般閃閃發光,而不是讓妳變成鬧劇秀的開場女郎。

床是妳的籌碼
Best Bets on Beds

床,是性愛中最重要、也最讓人在乎的一部分。一張舒適的好床,不可以有床頭板和床尾板,要讓男人躺在床上的時候,手臂、腳和頭部,都可以在床的四邊自由伸展、懸掛。有些頑皮的讀者一定會問:如果沒有床頭板,玩銬人遊戲的時候,要把手銬在哪裡呢?然而妳或許會感到吃驚,這類綑綁遊戲並不是男同志盛行的性愛活動——至少在我的圈子裡很少人這樣做。

如果妳喜歡這種裝備,應該也是特力屋的常客吧?也早就知道怎麼購買、裝置妳的吊勾。男同志則比較喜歡用喀什米爾羊毛床巾,把床從床腳整個包起來。總之,無論從哪個角度走向妳的床,都必須讓人可以輕鬆自如地接近床舖——這才是最要緊的。

我的朋友艾奎多是個室內設計師,也是個猛男愛好者。他堅持要把一張古老的大床,放在臥室正中央的矮平台上面;上他的床,就好像進入聖地朝聖。聽說,和他做愛就像一場宗教儀式。

如果妳有這樣一塊大空間,如此的安排、擺置是最理

想的。妳不用去請教風水師父，自己就可以決定最適合做愛的方位軸線。如果因為空間限制，床必須靠著牆擺，那麼靠牆的那一邊，一定得是妳頭的位置。沒有人希望在做愛的時候，被石膏牆面給擋住，而無法展現自由狂野、盡興的動作。

床的高度有許多有趣的可能性。不要直接把床墊擺在地上，除非妳以為做愛就像在地攤吃蚵仔麵線一樣隨便。有高度的床，看起來比較有戲劇效果，也可以讓人輕易變換性愛姿勢，得到更刺激的樂趣。

男人可以利用床的高度，站著發展各種性愛活動。他站在床邊的時候，妳可以躺在床上，把腿環繞著他的腰，或把腳跟搭在他的肩膀上。妳也可以把腿彎曲，讓他用手抓住妳的腳。或者，你們倆都站著，妳向前彎著身體，上半身倚在床上，讓他從後面插入。還有一種變化花招：妳躺在床邊，把頭側彎，舔他的睪丸、大腿內側，或是睪丸和屁股中間那塊最敏感的部位。如果你們倆互換角色，妳也可以得到同樣的快樂。

低一點的床，也有其他的妙用。你們其中一人可以坐著或跪在床邊，另一個人則把私處放在床的側邊，讓腿掛在床沿或撐在地板上。這個舒服的姿勢，很適合口交或打手槍，妳可以買一張床邊地毯，或一個泡棉軟墊，這樣在跪著的時候，膝蓋會比較舒服。

一般而言，普通床墊都很好用，重要的是床墊的尺寸，還有擺床的位置。我的朋友瑪姬有一次看上一戶很俏皮的公寓，但她卻沒有把房子租下來，因為她對房子裡的

閣樓睡房不滿意。丹尼哥哥教過她，把樓梯拿掉，在不同的位置，測試床和天花板之間的距離。如果連她都無法在床上坐直，任何一個超過150公分以上的男人更不可能在床上自由馳騁了。

有些男人喜歡水床。如果妳最大的性幻想，是在波浪中搖擺，那麼請好好享受吧。可是男同志知道水床的問題出在哪裡——水床必須有堅硬的床架，而那種粗糙和剛硬的感覺，會讓皮膚不舒服。更糟的是，如果妳把下巴靠著床架，或是他的小腿在床架上拍動，那真是痛苦到極點。所以並不建議使用水床。同樣地，太薄的床墊對膝蓋也會造成嚴重傷害。最重要的一點是，妳必須確定床架的每一個螺絲釘都確實鎖緊，免得做愛的時候，譜出吱吱響的樂章——小心被鄰居檢舉噪音。關於床舖的最後一個重點是：男同志選床的時候，尺寸小於雙人床的床，完全不予考慮。所以別選單人床。

枕邊細語
Pillow Talk

床單表現出品味。不要浪費時間在床上堆疊小枕頭，也不要在床上供奉布娃娃。有個男同志曾經告訴我們他很久前的一段經歷。當時他正和一個女孩約會，他把床清理乾淨，將女友床上所有的布娃娃全丟到地上，以為自己安排了一個溫和誘惑的性愛場景。但是女友看到那副光景，心中一股熱情立刻轉變成憤怒，馬上要他走人。直到今

天，他還是無法相信那個女人竟然比較重視她的布娃娃，而不在乎是否和他做愛。總之，床上雜七雜八的東西，一定要清理乾淨，電毯的電線一定要先拆下來。

做完愛之後，床上難免出現精液的痕跡。有些女人對這方面非常沒有概念，也讓她的伴侶感到很不自在。別忘了！男人都把射精當作一項成就，所以妳不能把他的戰利品隨隨便便拿條毛巾擦掉了事。同時，如果妳的男伴看到前一個男人留下的精液斑點，也會讓他興致全消。男同志知道這樣是很無禮的，畢竟一山不容二虎啊。品質好的棉質床單可以吸收精液的水氣，吸收水氣比讓精液直接風乾來得好。床上鋪著乾淨的床單是絕對必要、不容置疑的。

大家都知道，床上刻意放幾個枕頭，可以讓性愛過程更加順利美好。我們在一家健身理容中心用過一種用蕎麥殼填充的枕頭，這種枕頭品質很好，因為它緊密紮實，墊在脖子、肚子或屁股下面，不至於輕易滑動。但是這種枕頭太容易彎折，把它放在冰箱裡半個小時再拿出來用，也會有很不一樣的新鮮刺激！一些較高檔的健身中心會使用這種枕頭，有一個叫做Bucky的牌子，也推出過這類枕頭，質地比較軟一點，在大部分的旅行用品專賣店，都可以買得到。

建議配備
Preferred Props

第二件重要的事項，就是在妳床邊該有的配備，最理

想的是一個小床頭櫃，或有抽屜的小桌子。不管妳的床邊擺了什麼家具，它必須可以分類收納做愛時需要的所有用品，方便性愛的進行。櫃子的最上面，要放一瓶乳液，這只能用來打手槍或按摩（見第五章）。有特別功用的潤滑液，必須放在抽屜裡，小心收藏。保險套（見第八章）也要放在抽屜裡，讓妳可以隨時隨地輕鬆享用。如果沒有抽屜，妳得準備一個裝有鉸鏈的小容器，可以輕易向上打開蓋子的菸盒也行。在激情時刻，誰喜歡東摸西摸，找不到東西啊？只有菜鳥才會如此笨手笨腳。

妳的抽屜裡還要放一些性玩具（見第十一章），和一條乾淨的毛巾。女人通常會在床邊放一盒衛生紙，以為衛生紙最適合用來擦掉精液。嘿，把衛生紙留著擤妳的鼻涕吧！精液是很黏稠的，如果男人做愛之後看到自己的老二上黏著衛生紙，他會覺得多麼奇怪啊！而且，一旦衛生紙在老二上乾掉，就很難清除了。

如果你一定要用衛生紙，去買有蘆薈成分的濕紙巾，這種紙巾比較不會造成皮膚磨傷；至於優良的同志禮儀，還是堅持使用毛巾，質地柔軟的厚絨布毛巾是最佳選擇，對敏感的皮膚也比較好。毛巾不會黏，可以隨手丟回抽屜，但是第二天得記得拿出來清洗。

在正式行動開始之前，放杯冰水在小櫃子上。在口交過程中，妳可以啜上一口潤潤喉，而且這杯冰水還有其他的妙用。妳可以把杯子裡的冰塊，用在他的脖子、嘴和乳頭上，增進前戲的感官刺激。如果妳有冒險精神，有些男人喜歡在高潮來臨前的一剎那，把一個小冰塊塞進他的屁

眼裡。但是必須確定冰塊溶化到適度大小，否則冰塊尖銳的稜角會傷了男人的屁股，那絕對是行不通的。

電燈的開關一定要隨手觸摸得到，以便搭配不同的情調和氣氛。蠟燭可以製造美妙浪漫的氛圍、宜人的光線，但是如果因此而起火燃燒，就太危險了，所以蠟燭一定要放在玻璃器皿裡面。那種裝在杯子裡的香味蠟燭，男同志尤其愛用。

除非妳要邀請一堆男人回家看大聯盟足球賽，否則不必把電視留在客廳，可以把電視移進臥房。我們非常建議妳在床邊視線範圍內，擺一台錄影機和電視，勾引他一起在床上看《六人行》，有助於催化性愛進行；然而電視的功用不僅如此——如果妳在錄影機裡，預先放了一部讓人驚喜的調皮影片，誰知道會發展出什麼風流事呢（見第十一章）！遙控器是當然的必需品，這就不用多說了。

第三章

陰莖常識基礎教學

Penis Primer

　　硬葛格將會是妳親密的朋友，所以對於他的背景，妳應該有些基本認識，例如：他打哪兒來？他喜歡什麼？討厭什麼？他的「頭」在想些什麼？他有哪些理想和抱負？這些事情，妳都應該知道。我們接下來就為妳揭開硬葛格的神祕面紗。異性戀男人可不會告訴妳這些東西唷！

最近「掛」得如何？
How's It Hanging？

　　異性戀男人在啤酒吧碰到哥兒們時，總是會問這一句「你『掛』得如何？」（How's it hanging? 是美語中常見的招呼語）他們到底在說什麼啊？到底什麼東西需要「掛」啊？這句招呼語的意思，或許只是「你近來好嗎？」（How are you doing?）可是因為男人對自己下面那根是那麼的著迷，他們會在言談之中故意假仙，找尋各種藉口，把那個玩意說出口來。

　　如果他們那一根掛得低（It's hanging low.），表示他最近剛用過了那一根，所以他很好；如果那一根掛得又高又硬又緊（It's high and tight.），那就表示他有些壓力，需要讓他出來蹓一下。提醒妳，男人其實不會有事沒事故意講他那玩意，可是「你『掛』得如何」這句話的絃外之音，就是在講他的那根棒子。

　　其實並不是每根老二都掛得端端正正。大部分的男人都可以說得出他們那一根是朝著哪個方向擺。就像「左撇子」、「右撇子」，老二也喜歡向左走向右走，這是天性使

然。瑪姬總是以爲，男人的那一根應該會向下通到褲管，丹尼哥哥卻說：「除非妳運氣好，遇到大隻佬，否則才不會呢。」

別相信尺寸
Size Lies

爲了妳好，千萬不要跑去問男人，最近掛得如何？可是如果妳要跟硬葛格好好相處，無論他長在什麼樣的男人身上，妳最好還是先認識一點老二的心理。男人都是一個樣，不管是異性戀或同性戀，都對自己那根棒子的大小關心得要命。異性戀男人可能不大願意承認這一點，可是他們也一樣，都是「大隻皇后」（size queen）。

雖然說研究顯示，男人通常都會高估自己的尺寸，可是每個男人對自己那根的實際大小，其實心知肚明，而且會一直計較到公厘單位。如果妳的伴侶告訴妳，他很在意尺寸，或者他有多麼在意尺寸，這時候妳就得小心翼翼、謹慎處理，給他鼓勵和信心。有些事妳千萬千萬不能做，例如嘲笑他的尺寸：「如果你那一根有十八公分，你家天花板就有六百公分高了！」如果妳敢對他說這種話，他永遠不會原諒妳，而且會恨妳一輩子，甚至會殺妳滅口。

記住！老二的尺寸、形狀、長相和造型變化萬千，眼花撩亂。每一根老二總是會有些特色和優點，可以滿足妳的需要。它，可是妳需要巴結的新朋友啊！

男人從出生那一刻起，就開始對自己的老二著迷。妳

一定聽過這樣的事——三歲大的小男童，或者是妳鄰居的小孩一面看電視，一面玩他的小雞雞。很多男人都喜歡回憶他們第一次勃起的經驗，可是他們當時應該都年紀太小，根本記不得什麼。男人會記得的，是他們陰毛剛長出來的時候，以及他們第一次的夢遺。當然，成年人也會夢遺，但是那表示他們急著要解放。對男人而言，長陰毛和第一次夢遺，帶來的震驚和難堪是無法想像的。

有一個我們認識的男人，對自己的第一次勃起非常驕傲；他得意忘形，竟然在龜頭上黏了一個小星星貼紙。不幸的是，這個小星星貼紙的黏性很強，一貼上龜頭就撕不下來，我朋友以為龜頭被封住了，從此再也不能尿尿，不然老二會爆炸開來。於是這可憐的小東西終於跑去找他老爸，給他老爸看他的東西。他的老爸是個醫生，拿了一把手術刀，直接把他龜頭上的超強貼紙割了下來。

一把尖銳的工具逼近老二，這樣的景觀光用想的就會讓男人不寒而慄；如果真的經驗過如此慘烈的過程，一定更是不忍卒睹。所以，如果妳要頒給硬葛格一個好寶寶獎章，我們可不建議妳真的把獎章掛在那根棍子上。而且，妳對它了解這麼多，妳才應該得獎章。

實力派和愛現貨
Growers and Show-ers

妳應該知道的重點，或許是「實力派」（Grower）和「愛現貨」（Show-er）的分別。有些男同志對自己勃起後的

老二非常滿意,他會說:「我是實力派,不是愛現貨。」如此的對話,是要告訴他未來的性伴侶,我內褲底下那根小東西一旦發起威來,可是會變成一根巨砲的。不過命運捉弄人,大自然是殘酷的。有些人天賦異秉,平常狀態就是長長的一條,可是勃起的時候,也只比平常大出一點點而已;然而也有些男人,平常只有一丁點,勃起之後卻大得嚇死人;也有些比較可憐的男人,發威前只有一丁點兒,發威後照樣只有一丁點兒。

男人對於實力派和愛現貨之間的關係是非常敏感的,他們在許多狀況都不得不讓彼此的老二坦誠相見。從高中體育課的課後淋浴、健身房,或是在游泳池畔,男人總是有太多機會一較長短。簡而言之,所謂「愛現貨」就是在更衣室光溜溜走來走去的那些男人;而「實力派」,則會在腰間圍著一條毛巾。即使他們都知道,自己的傢伙有可能和隔壁那個愛現貨一樣壯觀,但是男人對於外表的尺寸,還是焦慮得不得了。

包皮理論
The Big Cut

美國男人近年來有割包皮的習慣,其他地區的人可能沒有。有些男人跟妳談論包皮的理論,妳可不要相信。割包皮並不會減少老二的尺寸,只是少了一點可以拿來玩耍的皮。總之,這片皮並沒有什麼值得爭辯之處,因為勃起的老二在外表和功能上,都是一模一樣的。

割過包皮的老二勃起的時候，包皮會比較緊繃；這就是為什麼妳的動作必須溫柔，太激烈的抽動會讓包皮太過敏感而發紅。如果妳遇到了一個有包皮的男人，妳得從握住多餘包皮下方的陰莖基部，再用妳的手功和嘴功變魔術。對於怎麼耍弄男人的包皮，例如用舔的或用吸的，我們將會在後面的章節中深入探討。

勃起常識ABC
The ABCs of Erections

刺激 Arousal

妳現在會問，妳的新朋友在性行為的時候，到底是怎麼樣的一個經驗呢？第一步是：刺激。任何一樣東西似乎都可以刺激到男人的性激素，這一點妳絕對可以相信。在刺激的過程中，妳可能根本還沒和他的老二打過照面，他的呼吸和脈搏速度就開始增加，軟葛格開始變成硬葛格，整根肉棒和火紅的龜頭開始變大，龜頭也變得特別敏感。

我們的問卷調查顯示，每個男人的最敏感之處，位置都不盡相同。有些男人的敏感部位是在龜頭頂端，躺著的時候，那個敏感點會面對著肚皮；也有些男人的敏感部位在底側，大龜頭冠狀溝的下面，才是他們的祕密花園。

男人的勃起，經常很不會挑時間。有時候四角內褲稍微摩擦一下，就忍不住了，然後妳就會看到他挺著一根硬屌，坐著喝咖啡。全世界的每一個男人都有相同的記憶，在他們初中的時候，上課時候突然勃起，眼看著還有三分

鐘就要下課了，老二還是昂著頭，絲毫不肯妥協。

女人都不了解，這種事情發生在男人身上的頻率有多高，然而這卻是個無法解決的問題。這也正是為什麼男人談話的時候，有時似乎心不在焉的原因。前一秒鐘他還一本正經地跟妳討論市場商機，後一秒鐘，他整個腦子都在想著等一下站起來時，如何不讓老二搭起一個大帳篷。

丹尼哥哥以前在餐廳當服務生的時候，男性顧客總是很厚臉皮地對著他打情罵俏，藉機得到較好的桌位。丹尼哥哥一天到晚都碰到這種事，還好餐廳的菜單體積龐大，丹尼經常以適當的角度捧著大菜單，遮住他褲子裡那羞死人的一大包。他總希望在走到客人餐桌以前，那一大包可以及時消退。「我要一份菜單」因此變成了餐廳裡經常用到的婉轉代名詞。我們的朋友羅莉最喜歡用這個詞，她經常在午餐尖峰時刻，突然從櫃檯跳出來問丹尼哥哥：你需不需要一份菜單啊？其實，丹尼哥哥什麼時候需要菜單，她比誰都清楚。

大，更大，還要更大 Big, Bigger, Biggest

男人性刺激的第二步驟是：大，更大，還要更大。陰莖在這個階段會變得非常大、非常高、非常硬，龜頭的部分會很脹，而且十分敏感。這個時候妳千萬不可操弄過度，除非妳只喜歡短暫的邂逅，不想再有下一次。

有個辦法可以讓妳判斷這個男人是不是快要高潮了，妳注意他的蛋蛋。如果他的蛋蛋非常緊繃，而且緊靠著那一根，那就表示他快要高潮了；如果他的蛋蛋向上挺立，

那麼他可能已經到達了「不歸點」，馬上要火山爆發、回不去了。男人這種「大，更大，還要更大」的階段，時間可長可短。我們建議妳在幫男人打手槍和口交的過程中，仔細觀察男人其他的身體部位，趁著晚場秀的時間多實習點，才會有更精采的午夜場特別節目啊！

高潮迭起 Climax

男人快要高潮的時候，他的心跳和呼吸頻率會快速增加，肌肉會緊繃，在高潮的瞬間，也像女人一樣，會經歷好幾回性器官稍微緊縮的快感。根據一位醫學院學生的說法，準確地說，一次高潮會收縮八次，而且每一次和每一次之間相隔一秒。

男人射精的時候會伴隨著各種反應，例如：狂笑、尖叫、大吼，也有男人會像馬一樣高聲嘶叫。男人的反應種類很多很多，有人會開始無法克制地顫抖，有人會尿不出來。丹尼哥哥說他射精的時候會大笑，害他的性伴侶很緊張，大感不解，只好詢問丹尼：有什麼好笑啊？

不管妳的男人做出什麼反應，妳必須保持溫暖的心鼓勵他。如果他有需要，妳可以抱抱他、摟摟他。高潮剛結束馬上就親吻似乎太激烈了，因為你們兩個人都還在呼吸急促的狀態。

最後要提醒妳的是：男人高潮之後，千萬不要馬上去抓他的老二，因為硬葛格在那個時刻非常的瘋狂而敏感，一點也禁不起碰觸。我們認識一個朋友，他說他真的喜歡在高潮之後的當兒，被人握住老二，他是例外的怪胎。所

以，萬萬不可這樣做，除非妳願意承擔手被打斷的風險。

我們無法確定，為什麼男人的高潮不是每一次都撼動山河、全身搖晃、火山爆發，就像男人夢想中的高潮景觀？事實是，這些壯觀的高潮戲確實有過，但是並不是每一次都會發生。我們絕對相信，男性高潮的壯烈程度和前戲時間的長短，以及其他的刺激方式有關。動作的時間越長，高潮的反應也越強。記著：男人可以在三分鐘之內就繳械投降，但是卻完全沒有搔到癢處，也就是說，射了精卻覺得不夠爽。

現在妳已經開始有男同志教練了，每一次的性愛，妳都應該努力幫他搔到癢處，讓他爽到翻。妳要有絕對的自信，相信自己是他見過最棒的性伴侶。

大自然的奧祕
Nature's Wonders

陰莖的形狀和尺寸變化萬千，這真是大自然賦予的神祕啊！妳要有心理準備——很多男人的那一根長得並不像香蕉。有的陰莖後半截比前半截粗、有的是細長形、有的是粗短形、有的整根長滿毛。

龜頭的造型也是千變萬化，割包皮或許會影響到龜頭的形狀。丹尼哥哥的一個朋友，一定是被一個男同志割了包皮，因為他的龜頭外緣，有一個巴洛克式的花朵形狀。陰莖的顏色，也是一樣多采多姿。有的老二硬起來之後顏色會變得非常紅；有的老二不會變色，仍然和軟下去的時

候一樣顏色。如果妳和一個戴著屌環（cock ring）的白種男人做愛，不要被他深紅的老二給嚇著。戴著屌環的黑人老二，顏色變化比較不容易察覺出來，但是還是會變色，那種顏色就好像香奈兒的深色口紅色澤。

　　大部分的陰莖，或多或少都有可取之處，有些長相確實讓人反胃。遇到這種狀況，妳應該把燈關掉，閉上眼睛，想像妳即將面對的東西是一座完美的文藝復興雕像，而不是眼前這個扭曲變形的怪東西。記住！如果一個男人的老二長得很噁心，他自己一定心知肚明。所以，妳那充滿想像力的表現，一定能為妳締造佳績。

陰莖姓名學
Penis Names

　　在陰莖心理學大百科中，還有一個妳必須知道的現象，就是男人為自己老二的命名方式。異性戀男人比較喜歡幫老二取名字，男同志不大來這一套。老二的命名，通常都會引用一些滑稽俏皮的口氣或語音，像是一個綽號或渾名。有時候男人幫老二取的名字，也相當無聊乏味。下面列出一些我們常聽到、男人用來稱呼自己屌兒的名字：

Mr. Hooha：哼哈先生，意思是好動先生、搗蛋先生

Mr. Happy：快樂先生、給妳滿意先生

Bunny：小脫兔

Red：赤色狼牙棒

Herman, the One-Eye German：獨眼德國佬赫曼

Long John：約翰狗長

Little Pete：彼特小可愛

Little Elvis：小貓王

Fast Freddy：快槍俠佛烈迪

Mad Dog：瘋狗

Big Fella：大傢伙

Ralph：勞夫

Mikey：米奇

Rodney：朗尼

George：喬治

Juicy：鮮潤多汁

Sam：山姆（別小看這個平凡的名字，他可是個狠角色）

56

　　在我們的研究調查中，有些男人給老二命名，並不採用擬人化的方式，而是「擬物化」。這一類的命名包括：

Louisville Slugger：路易斯村強棒，著名鋁棒的牌子

The Monster：怪物（或是西班牙文El Monstro，適用於國際性的風流事務）

Warhead：飛彈頭

Godzilla：大怪獸，根據大怪獸主人的說法，說這個名字的時候，經常簡化成God（上帝），尤其是在高潮的時候。

第四章

第一道菜
Primi Piatti

舞台設計完成，男人就在身邊，一切都準備妥當。現在，妳即將開始享用這頓五星級大餐的第一道菜。

有一位朋友告訴我們，他最近向公司請假，要去西班牙會他的情人。我們問他爲何要跑到西班牙去，他說，因爲他的西班牙情人帶給他前所未有的性愛經驗。這位新愛人，每一個時刻都讓他熱情澎湃、激動亢奮。我們觀察了一下他的褲襠，證實他所言不假，於是繼續詢問他，到底這個男人有何特別之處？他的技術特別好嗎？他是一夜七次郎嗎？他有什麼祕密武器是我們所不知道的嗎？

這位朋友告訴我們，其實祕密就在於：這位冰雪聰明的新愛人，懂得如何安排全局，對於性愛的時間掌握、地點和做愛做的事，他都控制得完美無暇。我的朋友完全無法預料他的下一步，他愛死了這調調。

男同志不太計較誰採取主動優勢，一切順其自然。男同志會教導妳：想要贏得溫布頓網球大賽，第一招就必須使出絕活。所以不要懷疑，主動踏出第一步。妳或許擔心男人會以爲妳是性飢渴的野蠻女，但是妳要知道，很多男人都幻想被《星艦迷航記》裡體態豐滿多姿的外星女人綁起來。

根據我們針對同男和異男的問卷調查，男人都喜歡接受伴侶的擺佈，而且程度超過妳的想像。要一個男人乖乖躺在床上，讓另一個人發號司令，全權負責一切，這種經驗對男人來說，是非常有吸引力的。而致勝的訣竅就在於：「抓住他的屌，直接上！」（見前言）在這一章中，我們會教導妳如何讓一切依妳所願，進行得順順利利。

59

唇槍舌戰
Lip Tips

　　對於接吻這檔事，男同志或許無法給妳太多新鮮的意見，因為妳對這方面一定知道很多。我們都分辨得出好的接吻和壞的接吻，然而，怎樣做才能營造出銷魂的吻呢？請妳放鬆嘴唇，打開嘴巴，開放心胸。

　　其實妳願意閱讀這本書，已經證明了妳是一個態度開放的女性，至少妳已經很接近理想了。男人身上有很多地方，都是妳親吻的目標。妳高超的接吻技術會讓他興奮加速，認為妳是受過專業訓練的接吻高手。我們會教妳更多絕招，讓妳拔得頭籌。

　　在一長串熱情纏綿的嘴對嘴親吻之後，妳得開始進一步往下持續加溫。在脖子上親吻是很理想的吻法，但是挑動他刺激的，卻是妳的舌頭。

　　輕輕地舔動他的耳朵，讓溫柔的氣息輕吐在他的耳畔，這樣做會讓他整個脊椎震顫興奮。然後再往下發展，沿著中央線向下親吻到鬍渣，進攻脖子和喉嚨之間的敏感部位，用妳舌頭平滑的一面，加一點堅挺的舌壓，在那條線上下舔弄。如果他覺得癢，妳就把動作放輕一點，再朝別的部位發展。

　　另外一個好地方，是他的脖子和肩膀之間的肩井。通常只要男人的這個部位被舌頭碰觸到，都會讓他慾火焚身。現在妳可以從肩井部位向下侵略，直搗他的腋下。如果他的雙手勾在脖子後面，妳就大方接受邀請，直接進

攻；否則，妳就靈巧地抓住他的手腕，把他的手移到頭上。男人腋下的部位，是男同志必然光顧的聖堂。

我們有一位女性朋友喜歡口交，但是卻死也不肯把自己的臉湊到男人的腋下。沒錯，吃掉一嘴的化學體香劑，並不是減肥妙方；所以，做愛之前洗個澡是必要的。

彼得非常喜歡在男人的腋下用功，他覺得我們應該用一整章的篇幅討論這個主題。他對這方面的偏好，也讓他對男人身上的各種「穴」，有了進一步的研究。

根據他的研究結果，男人身上有兩個可以進攻的方式：一個是從腋毛下方平滑的地方開始舔弄一下，然後再舔回腋下的中心，用舌頭和唾液來回地舔；另一個性感帶是男人的手臂下方，二頭肌和三頭肌之間。這些地方的皮膚都非常柔軟，而且都很少被觸摸到。或許這就是彼得如此喜愛「玩穴」的原因。

玩膩了腋下之後，繼續用舌頭進攻另一塊經常被遺忘的處女地：他的大腿內側。調整一下妳的姿勢，身體向下滑，讓妳的腿懸在床側，頭放置在他的兩腿中間。妳或許注意到，許多男人的大腿內側有一塊無毛之地。我們不知道這是因為遺傳突變，還是因為牛仔褲太緊所導致的，然而這塊處女地卻值得大肆開發，盡情戲耍。

用腋下功夫的那一招式，從無毛地帶開始舔，一直舔到雙腿和身體接連的地方。順便向硬葛格打聲招呼，免得它以為被冷落了。用妳的手撫弄一下硬葛格，讓它知道妳等一下會再回來好好照顧它。

61

玩奶弄乳
A Versatile Guide to Nipples

很多女性朋友們都驚訝地發現，原來男人的乳頭也會有感覺。有些男人對自己的乳頭完全沒感覺；但是對另外一部分男人而言，這兩粒小凸起，卻是一片美妙的大千世界。根據我們的田野調查，兩者比例各占一半：百分之五十的男人會對乳頭說：「省省吧！」另外百分之五十，則是戀乳成癖的「男波」。

判斷男人對奶頭是否熱中，唯一的辦法就是「濕測法」。隨隨便便舔弄一下，當然很乏味；然而男人卻會喜歡奶頭被唒咬、拉扯、扭捏的奇異觸感。我們有個朋友，號稱「男波中的男波」。他將告訴妳所有妳想知道關於玩弄乳頭、但是卻不好意思問的乳頭紀事。

妳第一步要做的是向胸肌致敬。如果妳的男人白天剛剛健身完畢，他的胸肌一定特別有感覺。妳可以用手向內搓揉他的胸肌，把美好的觸感，朝著他的乳頭放送過去。當他發現妳注意到了他健身的成果，他也會非常開心。妳要一直撫弄他的胸肌，直到他欲罷不能，懇求妳繼續。因為一旦妳觸著了他的乳頭，他將會產生觸電般的感覺。

有些肌肉男的乳頭似乎永遠保持堅挺。男波王還告訴我們，如果對方的乳頭並沒有一直保持堅挺，妳不必等，直接上。男波王說有些男人的乳頭發起威來，可以從一個小顆粒，漲到一英吋大。我們的經驗是：千萬不可「小」看男人的奶。

62

向胸肌致敬結束之後，用妳的舌頭，在他的乳頭上來回舔弄，然後輕輕地吹氣。濕潤的乳頭在涼風吹拂之下，會帶給他一波一波的刺激感。持續吹上二十秒鐘，不要過久，然後一點一點慢慢地舔，讓妳的嘴唇剛好蓋住牙齒，接著，再將他整個粉紅乳頭放進嘴裡，這個動作也是二十秒鐘就夠了。

現在，妳可以開始用牙齒，重複一次剛才相同的步驟。有一點必須特別注意：開始先輕輕地啃咬，不要用力咀嚼他的奶頭。妳可以先問問他，試探看看他喜不喜歡這樣，如果他真的喜歡，再慢慢加重力道。有些男人喜歡來硬的，被狠咬他最爽；可是也有些男人怕痛。所以妳不要興奮過了頭，動作不要太誇張，不要像嚼核桃那樣猛咬。用妳前面的牙齒輕輕啃，如果他發出驚叫聲，妳得馬上喊停。還有另外一種方法是：同時利用妳的牙齒和舌頭，用妳前排的牙齒咬在他的乳頭上面，再用妳的一片巧舌，從下面進攻。

現在，妳可試著拉扯他的乳頭，一次拉動一邊的乳頭，然後兩邊一起來。妳並不需要像騎旋轉木馬那樣猛拉韁繩，而是要給他一波波刺激感官的擠壓感。用妳的大拇指和食指，輕輕撩起他的乳頭，左手右手交替拉動，好像在擠牛奶那樣。如果他很享受，妳可以一面拉，一面輕輕地擰，繼續在他的乳頭上戲耍。有些男人很喜歡這一套，那就像是一面旋轉保險箱的號碼鎖，一面擠牛奶，同時又做牛奶糖。不過，只要妳平時就有辦法一心二用，這點小事一定難不倒妳。

還有一個忠告：如果妳的力道輕如鴻毛，那是不會有半點效果的。就算妳的男人乳頭特別敏感，他也得感覺得到妳的動作才行。開始的時候妳可以慢慢來，動作輕柔緩慢，看看他的表情和反應，然後再加重力道。也有些男人，喜歡乳頭被狠捏，這時候或許需要去選購強力乳夾（Nipple Clamps，見第十一章），或下次去看牙齒時，向牙科醫生要一條用來夾住圍兜的夾子。

我們有一位夾子專家建議：拇指和食指中間的皮膚，可以作爲測試夾子力道的指標。關於玩乳頭，還要告訴妳一件事：床頭櫃上水杯內的冰塊，也會讓男人的乳頭產生觸電般的刺激感喔！

左搓右揉，樂趣無窮
A Friend in Knead Is a Friend Indeed

大家都喜歡舒爽的按摩，無論是人工按摩或機器按摩，都是非常舒服的。妳的帥哥男友在健身房流了一身汗之後，如果妳願意在他的脖子、胸部、手臂、背部和腿上面按摩一下，他剛運動過的肉體會因此而得到無比的放鬆與舒適。妳可以一面按摩，一面溫柔地幫他抓背。我們之前曾提醒過妳，撫摸男人務必小心翼翼，不要捏撐過度，以免拉到他的毛髮。

妳或許不知道，很多男人都愛死了頭部按摩。男人如果把妳剛做好的髮型弄亂，妳可能會氣得把他殺了；可是幫男人做頭部按摩而弄亂他的髮型，除非他正在使用「落

「健」生髮水，否則他可能不在乎。妳可以從他的後腦勺耳根上面，用妳手指尖的力量，慢慢按摩上去。無論是對長髮男或光頭一族，這一招頭頂按摩都會讓他們無法招架。

想像一下妳的男人躺在床上，臉部朝下，妳的手開始移動到他的脖子和肩膀，用妳的拇指輕輕在他的脖子上按摩，然後加重力量，在他脖子和肩膀之間的肩井上，比較緊繃的肌肉上按抓。用妳整個雙手搓揉他的肌肉，在拇指上加重力道。這個部分動作的時間不要太長，否則在他的小弟弟硬到發酸之前，他就會先打呼睡著了。當妳在幫他按摩背部的時候，把力量集中在肌肉上，沿著脊椎旁邊的肌肉按摩，千萬不要直接壓到脊椎上面。

繼續向下按，一直按到他美妙的小屁屁。有一個阿根廷朋友告訴我們，在布宜諾斯艾利斯，玩屁股是大熱門，比玩足球還受歡迎。先用大拇指壓他兩片臀肌的中心，加重力氣，再用大拇指在他的屁屁中心轉動，其他的手指則按摩他臀肌的其餘部分。不論妳是小弱雞或大力士，使力的時候請不用留情，卯起來上就對了。

「食」指大動，不亦快哉
Finger-lickin' Good

有些男人喜歡被吸吮腳趾，不過每個男人都喜歡被吸吮手指頭。一次痛快的手指吸吮，可以讓男人見識到妳的嘴功，而且可以發送給他一個大訊息，讓他知道妳的嘴還有很多更厲害的絕招。《一樹梨花壓海棠》（Lolita）裡的

羅麗塔做得到,妳當然也做得到。

　　這一招的祕訣在於,不要讓過程枯燥乏味。從他的小指開始,依照順序,逐個吸吮,一次吸吮一隻手指頭,一直吸到他的大拇指。吸吮到指尖的時候請不要矜持,把他的整隻手指送進嘴巴,好好吸個痛快。最後動作結束的時候,在他的手掌上濕淋淋地舔幾下。運用如此的策略,妳可以一路直搗他的肚臍。妳也可以更有創意一點,把他濕答答的手掌,放到他的小弟弟上面,然後再由妳來決定,下一道菜要吃什麼?

毛皮浪漫情
That Touch of Mink

　　對於衣料的質地,大家都有個人的品味。著名的性感內衣公司「維多利亞的祕密」(Victoria's Secrect)的緞質女性內衣,在市場上大獲成功,受益豐厚。而我們有一對裝潢師朋友,倉庫裡的毛皮床罩總是缺貨。他們的顧客大概很愛毛皮吧,所以拚命用毛皮來搔他們的屁股肉。可以想見,他們一定在乾洗店花了一大筆錢。

　　我知道妳們一定有毛皮手套、乳膠性感小內褲和露出兩塊大屁股的後空式皮褲。不管男人喜歡貂皮刷在他的背上,或者喜歡絲質領巾輕撫他的褲襠,總之,想炫耀妳的行頭,這是大好時機。

關於前戲的最後箴言
Last Word on Foreplay

　　男同志在正式行動之前，都會急著進臥室。提姆白天是個保守規矩的銀行家，他喜歡在踏入臥室的那一秒鐘，撲倒在他的伴侶身上，連燈都還來不及開呢！他覺得這樣的行為，讓他回想起很久之前，他在酒吧暗處釣到的一位猛男。不管妳的性幻想是一個被武士從火龍口中救出來的公主、在海灘和衝浪少年口對口人工呼吸的女郎，或者是被外星異形擄走，充當性實驗品的地球美女，怎樣都好。重點是，妳要控制全局，讓熱情持續，而且想做什麼瘋狂的事，不要懷疑，先上再說。

　　瑪姬姐姐有個男朋友，很喜歡提起有一次瑪姬衝進房間，身上除了一雙高跟鞋，和一件白色毛皮外套，什麼都沒穿。如此的穿著非常突兀，但是他的男友卻被挑起了熊熊慾火。他每年寫耶誕卡，都還要提起這件事呢！

第五章

巧手奪春

Manual Labor

現在妳可以開始行動了。這一章可能是整本書最重要的一個章節。妳將要學習到的，不只是打打手槍而已，我們要教導妳活用這些技巧，讓妳進入一個全新的性體驗。妳就當作是在法文課學習動詞字型變化吧，這些基本功，都爲妳即將展開的性愛新世界作準備。

很多女性回想起她們早期玩老二的摸索經驗，都是一把辛酸淚。瑪姬姐姐一直以爲，幫男人打手槍最正確的方式，應該是好像握手一樣，不能太重也不能太輕。唉，那是胡說八道啊。男人有千百種，不同男人的小弟弟，也要有不同的玩法。

有個女人說她第一次幫男人打手槍的時候，根本沒有看到那個男人的老二——那根屌一直藏在褲子裡。她是游泳隊長，卻只會打水而不會打手槍。她當時和她的男人在足球場幽會，然後她緊張兮兮地把手伸進男人的褲襠裡，胡亂上下搓揉了幾下，就玩完了。全程大概只有四十五秒鐘。她這樣草草了事，男人怎麼可能會回到她身邊？男人怎麼可能還會打電話給她？

準確無誤地把它抓牢
The Right Way to Grab It

重要的時刻終於來到，行動正式開始。妳的手環住他的脖子，另一隻手從他的褲子上，撫摸他的小弟弟。他的穿著是個重要關鍵，因爲褲子裡面的小雞雞，將會像傑克的魔豆那樣脹成一個大傢伙。如果他穿著寬鬆的灰色法蘭

絨或打褶褲，妳就有足夠的空間可以上下其手；如果他穿著緊身牛仔褲，妳就要特別小心了，因為他那個東西一旦膨脹了起來，可會把他褲襠裡全部空間都佔得滿滿。

不管他穿哪一種褲子，行動準則是固定的。妳不要想從他的褲子外面抓他的蛋蛋，或是擠壓他的老二，因為這樣做會讓他覺得無處可逃。妳只需要打開妳的手，手指併攏，向下找到他又硬又大的那一包，然後輕輕撫摸。

妳手的動作曲線，應該是平平順順，不要上下起伏。慢慢地摸，想像妳在摩擦一盞阿拉丁的神燈，手的力道好像是要拂掉神燈上面的灰塵，而不是要把銅燈擦得發亮。照著這樣做下去，不用下咒語，大巨人就會出現了。

放鳥出籠
The Great Escape

現在，妳可以放鳥出籠了。非專業的玩家可能會解開拉鍊，把陰莖猛拉出來，可是妳並不是在玩小孩子的遊戲，拉鍊大小、鬆緊和妳要做的事沒有關係，不需要猴急，猴急只會讓自己很難看。

妳應該先解開他的皮帶，然後解開他的鈕釦，包括褲腰上的鈕釦，再慢慢地拉下他的拉鍊。如果他穿著Levi's 501牛仔褲，那就更好了，妳只需要解開褲襠的鈕釦，不用擔心傷到他那一根。雞雞被放出來之後，妳的男人會有一種幸福的感覺，不管妳要對他做什麼，他全都依妳。

有些女人面對各種不同內褲的時候，會陷入迷惑不

解。無論是四角褲、三角褲，妳只需要把內褲腰部的彈性部分拉下來，讓他的老二從上面跳出來。不要從褲襠裡面把老二拉出來——白色男性內褲的褲襠設計得又蠢又複雜，如果妳想透過這樣的褲襠拉出老二，恐怕會是很笨拙的一件事。

如果妳們在開車的途中，這一招非常受用，也非常有趣絕妙。當妳的男人解除所有束縛之後，妳可以好好地幫他健個身；不過，我們並不建議妳讓男人在開車的時候達到高潮。為了行車安全，我們絕不建議妳在車上幹活，但是妳可以在他開車的過程中，來點出其不意的小樂子當開胃菜。高超的「手藝」應該留到床上去大顯神威。男同志都不願意在開車的時候，就把拿手絕活全部亮出來，最好留一手到首演場，把好戲留在後面。

現在你們已經到了臥室，道具也都準備齊全（見第二章）。在滾上床之前，先想想如何佈局。例如：妳要選擇躺哪一邊？有一個重要的關鍵需要特別注意：妳是左撇子？還是右撇子？如果你們並肩躺著，而妳是右撇子，妳就要在他的右邊，反之亦然。這樣做讓妳在用手的時候可以輕鬆自在。完美的性伴侶是雙手萬能，左手右手一樣巧；如果妳不是雙手並用的專家，還是選擇妳所拿手的吧。

除非妳的男人是那種「不做事，躺著幹」型的男人，否則妳一旦上了床，最後總是會乖乖接受擺佈。假設妳的男人是個運動健將，他先採取主動，用手為妳服務。讓他做下去吧！當輪到妳幫他的時候，左邊右邊的關係就非常重要了。如果妳想變換躺著的方向，這時候是個絕佳時

機，展現出妳的專業。妳只需要滾到他身上，在他的嘴唇送上一個鮮美多汁的親吻，然後輕鬆地滾到他的另一邊。

現在妳已經處在最佳位置，等著大顯身手了。這樣的做法好像是小孩子的遊戲，但是其實並不是難事。從更積極的角度來看，男同志整天在床上滾來滾去，只要妳經常滾，習慣很快就變成自然了。而異性戀男人也會欣賞妳採取主動的新花招。

滑溜溜，溜滑滑
Smooth Sailing

男人和女人不一樣，男人不會自己分泌體液潤滑。妳可以不用潤滑，直接乾乾地幫他弄；但是在不潤滑的情況下，妳的動作必須非常輕柔。在前戲的時候，妳的唾液或許就是最好的潤滑劑，因為，誰會知道妳的下一步會出什麼招呢？至少妳隨身攜帶口水吧！

如果要戴著保險套做愛，注意某些油脂會讓保險套裂開，但是口水則不會破壞保險套。同理，如果妳要幫他口交，用妳自己的唾液，總比吃進一口塗在他那根上面的潤膚乳液好。

男同志覺得，直接把口水滴在性伴侶的身上也沒有什麼大不了，可是請妳不要照樣做。這樣做可能有失淑女風範。妳可以選擇替代方案：先在嘴巴裡準備一口的唾液，盡量吐在手掌中，不要弄得太噁心，然後從他老二的上端開始，用潤滑過的手在他整根老二上下運動。妳可以喝一

口床頭櫃上杯子裡的水，潤潤妳的嘴，為下一輪作準備。

打手槍，樂無窮
A Hand Job Is a Lovely Thing in Itself

　　很多女人在進行性愛的時候，一旦進入了其他的步驟，就會開始忘記手的動作，這一點真是讓我們吃驚。有一個人體驗過老婆魔術般的手功之後，特地打電話向我們致謝。他一直誇張地說道，他覺得自己好像回到了十七歲。美妙的手功，經常會帶來另一種感官刺激，如果結合其他的性愛方式，更會產生無窮的快感。

　　如果幫男人打手槍，是妳這一次性愛的主要過程，在妳正式行動之前，先考慮考慮他那根抽動的老二。男同志都知道有哪些頂級的潤滑液可以用。女人可能不喜歡在自己身上使用潤滑液，但是幫男人潤滑卻是非常重要的。好的開始，就是成功的一半！

　　床邊放一瓶自動按壓式的潤滑乳液，是絕對必要的。每次需要用到乳液的時候，妳只需要用到一隻手，就可以輕鬆擁有。至於要翻開蓋子用手擠壓的，以及要旋開蓋子的乳液容器，都不建議使用。不管是護膚的乳液，或是藥房買的牌子都行，但一定不可以有味道。男人都不希望自己聞起來像一瓶空氣清香劑。

　　這一瓶乳液也可以物盡其用，當妳沒有把它用在性愛方面的時候，妳也可以拿來為自己潤滑皮膚。男同志都明白床邊乳液的各種妙用，而大部分的異性戀男人，可能只

75

以爲妳很懂得保養皮膚。誰管他們怎麼想呢。

其他水性的潤滑劑，例如：Aqua-lube、K-Y和Wet，也非常實用。男同志非常喜愛用Wet。請注意，每次爲他打手槍的時候，不必用太多潤滑劑。妳大概還不至於要用到家庭號裝的潤滑劑吧！

潤滑劑使用量的多寡，要依據妳打手槍的模式而定，是高動量的？還是低動量的？妳可以從他的反應來做判斷。高動量的打手槍熱情而強硬，速度快又猛，呈現高度張力，所以需要較多的潤滑液；低動量的打手槍，則是緩慢而甜蜜，動作溫柔輕盈，可以用少一點潤滑。

最後要注意的是，潤滑液絕對不要用太多，如果弄得太滑膩，他什麼快感也得不到，妳那熱情的手和絕妙的手功，等於白白浪費掉了。

陽具撫摸術
The Stroke

手技的重要性，在於恰如其份，不可踰越。就像妳最喜愛的餐廳，既美味可口，而且又在妳家附近，妳隨時都可以去。學會了撫摸的妙方，男人將會爲妳瘋狂，把妳當成特洛伊城的海倫，爲妳廝殺賣命。

撫摸技巧的精華，可以濃縮成幾個簡單的要點：上、轉、頂、下（Up, Twist, Over and Down）。妳的第一步，應該先像握門把那樣抓住男人老二。如果你們肩並肩躺著，妳撫摸的那隻手背應該面向他的肚子。妳的手指在上，拇

指在下，環成一個圓形，把他的那一根包在裡面。妳的另外一隻手，則輕壓在他的老二根部，讓妳的手指，平放在他的陰毛上面。妳的拇指和食指結合成一個L形，好像是叫人停下來的手勢，但是他會無法抵擋地要求妳繼續的。

妳的手壓在他陰莖根部的力道，大約就像妳要去推開一扇重的旋轉門。這樣的力量可以控制他老二的刺激感，讓他的老二又硬挺又爽快，也可以讓他的老二看起來像一顆巨大的飛彈。至少從他的角度看過去，他那一根確實會像個龐然大物。

然後妳從他的陰莖根部開始，以穩定的速度，一路向上撫摸。當妳摸到了他的龜頭，轉動妳的手，讓妳的整個手掌都在他的龜頭頂端，然後再往下撫摸到他的陰莖根部。不要放開手，即使妳要準備下一輪撫摸攻勢，也不要放手，因為保持接觸的感覺，會讓他通體舒暢。

有一個女孩運用這一招「上、轉、頂、下」的手功技術之後，說他的老公一直「喔！喔！」呻吟著，像鴿子那樣低咕，她從來沒有看過老公爽成那樣。她用了一瓶很方便的護膚乳液當潤滑液，塗滿了雙手開始進攻。她的老公非常喜歡，也樂於看到她採取主動。她的進步神速，我們也很開心。我還聽到八卦說，她的老公那個星期買了一對鑽石耳環送給她，當做一份報答禮物。

接下來妳會問的問題是：我應該用多大的力氣去玩它呢？答案可能是：比妳想像的力量還要大力。妳要用的力量，大約是妳在健身房做重量訓練的重量，除非妳都是做兩百磅的舉重。換句話說，大約是妳握住一個可樂罐，但

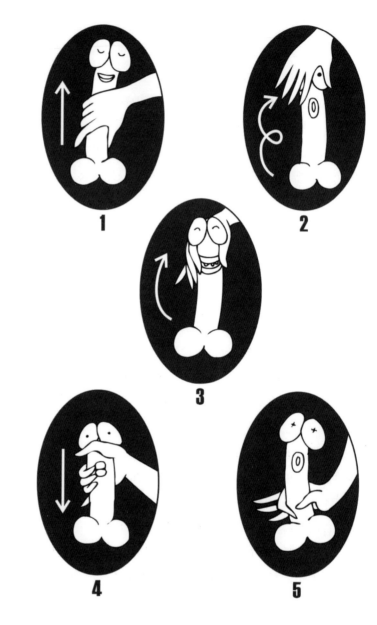

是卻不至於把它捏破的力量。

如果妳想練習，拿一份現成的餅乾麵糰。麵糰的大小可能比妳遇過的男人的老二大，反正這只是練習而已。練習的時候，妳用點力量，撫弄那根麵糰，在麵糰上留一點印子，但是力氣不要太大，不要在麵糰上留下痕跡。妳可以找你要好的姊妹淘一起練習，練習完之後，還可以放輕鬆，享用一頓現烤的餅乾和一杯好茶。妳老公或男朋友一定對妳另眼相看。

幫男人打手槍有三種基本姿勢：面對面姿勢、男人雙腿大開跨坐或女生在男生腿中間。在這三種基本姿勢中，撫摸老二的方式大同小異，只是每一種會有些小變化。

肩並肩，臉對臉 Side by Side

男同志比較不喜歡面對面的姿勢。但是異性戀情侶卻喜歡。就像剛才我們討論過的，開始的時候，用妳的手背對著他的肚子，慢慢地摸上去，然後旋轉，再摸下來。

男腿大開 Man Straddling Woman

男同志比較喜歡這種姿勢。妳躺在床上，膝蓋彎曲，妳的男人雙腿大開，坐在妳肚子或膝蓋上面。妳的一隻手，做出剛才提過的L形，按在他的老二根部；妳的另一隻手，手背則得面對著妳的肚子，用「上、轉、頂、下」的技巧，撫摸他的老二。採用這樣的姿勢，你們兩個人都會有很好的視角，可以把他的寶貝看個清楚。

如果你們要換位置，他也可以用手好好地服務妳。一

隻手在妳的乳房，一隻手在妳的外陰。當然，他要玩這一招，自己得先下點功夫，不過那是另外一本書《搞定女人》（大辣出版）中才會教到的，如果他要學，請他自己去買。你們兩個人都可以稍微撫摸一下對方的骨盆，爲你們的熱情持續加溫。這樣妳明天就可以不必去健身房訓練陰道緊縮術了。

雙腿間的奧祕 Between His Legs

另外一種姿勢，可以讓妳擁有最大的自由度和控制權，這個招數叫做「法國式擦槍」（French polishing）。讓他躺在床上，雙腿張開，妳跪在他的雙腿中間。然後，妳靈巧的一隻手，再用同樣「上、轉、頂、下」的技術，幫他打手槍；另外一隻手則做成L形，按在他的老二根部。當他看到自己的傢伙變得像個摩天大樓那麼壯觀，他會更刺激、更興奮。當初亞當發現自己勃起的時候，對夏娃說：「閃遠一點！我不知道這個玩意會脹成多大。」哈！難怪男人都覺得這個笑話很好笑。

變化多端
Variations on a Theme

「上、轉、頂、下」是打手槍的基本功，但是妳也可以混些其他的玩法，加些新鮮花樣。龜頭廝磨是一個很好的變化。這一招的玩法是，用妳的手掌，輕輕地摩擦他龜頭的背面，不要玩龜頭上面，也不要玩龜頭底側。龜頭背

面的部位，才是整根老二最敏感的地帶。

龜頭的刺激摩擦，會讓男人處在一種戰慄的愉悅當中，讓他一面呻吟，一面發抖。想像一下妳在跟小狗玩的時候，撫摸牠的肚子，牠的腿也會抽搐。男人和小狗，性質是很接近的。這種撫摸的方式會讓男人接近高潮，所以每次弄的時候，時間不要太長。

另一種變化方式是，用妳的拇指和食指，做成一個環形，套住他的老二。這樣的動作，會讓他感覺好像在性交。妳必須緊緊地框住他的那根肉棒，在妳緊框的指端下，他的老二邊緣那股刺激快感，是最銷魂蝕骨的。

老二根部的L形按法，也可以來點變化，改成握住他的睪丸。妳的手掌朝上，放在他的睪丸下面，然後用妳的拇指和食指做成一個環，緊緊扣住他的陰囊。這樣做，他的睪丸會落在妳的手掌之中。一點輕微向下的拉力，不僅會讓硬葛格肅然起立，也會讓他的蛋蛋變得滑順，讓妳更

輕易撫弄。用妳溫暖的手，輕柔地幫他的老二按摩一番。

　　如果妳很有冒險精神，試著把一根手指插進他的屁眼看看。妳可以在手指上抹些潤滑液，先在他的「菊花」四周按摩一下，然後慢慢地把手指插進去。從他的反應中，妳可以判斷自己該繼續進攻到什麼程度。或者妳也可以只按摩「菊花」，卻不插進去。這樣的做法，他可能會非常驚訝，也可能會一玩上癮，一直要個不停。

　　這些技巧、招數、變化與玩法，組合在一起的時候，會讓他得到一種非常滿足的高潮。當他呼吸急促，面容扭曲成各種奇形怪狀，妳就應該知道。他的高潮快要來臨了。這時候妳趕快把手做出環狀，用適度的力量，加速妳的動作。妳要小心握緊，不要讓他的老二從妳手中滑掉。然後，妳就會聽到一陣狂喜的呻吟。他一開始高潮的時候，妳就可以放慢速度，準備放他走。當他開始顫抖、抽搐、大聲慘叫、口不擇言的時候，妳就可以放過他了。

好漢要提當年勇
Notes on the Long Haul

　　關於高潮的討論，我們都知道，男性和女性對於射精的認知，有著非常大的性別差異。丹尼哥哥總是不斷地說，看自己高潮是多麼爽快的事；但是瑪姬姐姐卻認為，女人對男人的射精根本沒感覺。根據一份針對女性、男同志和異性戀男人的非正式問卷調查，證實了丹尼哥哥和瑪姬姐姐都沒有錯。男人，不論性取向如何，都喜歡看自己

射精的樣子；大多數的女性卻無法了解，射精到底有什麼好處，值得男人樂成那副德行。

但是，大部分的女人都不知道，男人都把他們射精的距離當做奧運比賽，只是他們不是標槍選手，沒有奧運金牌可以拿。不過只要逮到機會，灌他們幾杯黃湯，他們就會開始回顧自己射得最遠的那一次，好像在懷念高中足球賽達陣的豐功偉業。有一個男人，十幾歲的時候有辦法一口氣射精射到天花板，這件事讓他非常驕傲，儘管已經過了三十年，他還是老愛提起這件事。

所以如果妳的愛侶開始重提當年勇，準備拿妳牆上的莫內稻禾名畫海報當靶子射擊，妳千萬不要感到吃驚。或許妳不希望被他的精華弄得滿臉，也請保持風度，假裝妳很有興趣，不必只因為風吹草動而緊張兮兮。

83

口交人人都會，戲法各有不同

You Know How to Whistle, Don't You?

　　什麼事情會讓男人以死相求？什麼東西會讓一個德高望重的人變成一個流鼻涕的傻子？什麼東西會讓一個語言學博士，說出「喔！耶！」這樣沒有邏輯的話語？我們都知道，這個問題的答案就是：一場爽快的口交（BJ, blow job）！

　　口交到底有什麼魅力，讓人為之神魂顛倒？首先，口交的感覺很讚；第二點，男人都喜歡一面爽，一面看，兩種刺激一起來最開心；第三，他們可以不用費什麼力，就輕鬆達到高潮。當然，口交前後他該付出些什麼勞力，就由妳來決定了！

　　我們有個女性朋友曾發表直截了當的聲明：「任何用刀子切不斷的東西，我都不要吃。」由此可見，她對口交的學問大概不夠，這位女士的性態度有待加強。歷史上很多女性，都用她們專業的嘴，在國際、政治、金融、社會等各方面，表現了突出的成就。瑪丹娜甚至在電影《真實與挑戰》（Truth or Dare）中秀了一段她拿手的「口技」。如果妳懂得充分利用妳那一張櫻桃小嘴，無論是拿學位或搶鑽石，天大的事妳都可以達成。

　　我們有個非常要好的朋友吉姆。吉姆並不知道他高妙的口技功夫，在這個圈子裡享有盛名——直到有一天，他坐在我們的髮型師喬納森的椅子上，才知道他自己有多屌。喬納森顯然在一些社交場合上聽說了吉姆這號人物，也知道為什麼他會大受歡迎的原因。有人用這樣簡單的話一語帶過：「吉姆的口交技術無人能比。」喬納森只在洗衣店和吉姆打過照面，他實在無法想像吉姆有這麼屌害。

當時在場有另外兩個人，也為吉姆高人一等的口技背書，證明了外面對吉姆的美譽，所言不虛。從那一天開始，吉姆到了美容院，永遠受到五星級的照顧，而且，從來沒有為他的「深層護髮」付過一毛錢。

再舉一個口技蠱惑男人心的真實案例。年輕的佛黛麗卡在宴會上總是與眾不同，她可以用她靈巧的舌頭，把櫻桃的莖，在嘴裡打成一個結，她的身邊也因此永遠圍繞著追求者。有時候，她根本沒有實地示範這項絕活，光是用嘴巴把這件事提一下，就足以讓男人的色念天馬行空了。佛黛麗卡在男人圈子裡，是個大受歡迎的寵兒。

口交基本功
BJ Basics

關於口交有一個很普遍、但是卻不實在的觀念——嘴唇越厚，老二越爽。其實嘴的大小厚薄不是關鍵，除非妳的嘴唇長得很古怪。任何一張嘴唇都有可能發揮極大的功效，我們將要傳授的口交基本功，保證能夠讓妳的男人心神蕩漾，昂然吐氣。

口交好壞的關鍵點，其實在於妳有沒有動腦筋，就像妳也需要動手和動嘴，花點心思是絕對必要的。男人願意讓妳為他口交，他也願意讓妳控制他身上最敏感而特別的私密部位。他非常清楚，妳可能會在千分之一秒內，讓他棄械投降。

記住：硬葛格是妳的好朋友，妳也要把它當成好朋友

一般，殷勤地照顧周到。當妳在為它做事的時候，要保持著關心與專注的態度。它會感覺得出，妳到底是真心在對待，還是在作假、蒙混。

我們一再強調心理狀態的重要性，絕對不是刻意誇張。妳的男人感覺得到，妳確實是熱心地展現妳的才能，讓他的老二開心爽快，而不是喝醉了酒，酒後亂性。不誠懇的口交，是無法讓他回味的。口交這門絕活，需要妳全神貫注。

強納森說過一段他以前和一位年長紳士約會的經驗：他們倆原本一直很熱情澎湃，但是當強納森把重點往下移動的時候，他們的約會也玩完了。原來強納森發現這位紳士的下面，有一大搓灰白的毛髮，他的熱情馬上凍結，無法繼續下去。強納森對這件事感到非常苦惱。他事後告訴我們：「那種感覺就像和你的爸爸或叔伯做愛。」

如果妳的狀況也和強納森一樣，害怕看到灰白的毛髮，我們建議妳——關上燈吧！這段故事要啟發我們的是：在口交的過程中，每個人都有各種預設的立場和狀況，但是為了享受嶄新的性生活，最好還是把妳所預設的東西丟到一邊，開放心胸，盡情享樂。

雖然很多人都相信，口交的關鍵就在於「吸」，但是老二可不是一根棒棒糖呀！口交的基本動作，不外乎用舌頭前舔後舔，舔上舔下。而口交最微妙之處，就在於妳要會變化舔的力量。把他的老二從嘴裡拿出來，舔弄那根棒子的側邊和頂端，然後用妳的靈手和巧舌，運用各種變化方式，把燦爛繽紛的刺激和快感傳送給他。

口交的基礎，就是口、口和舌，以及口和手。打好這些基礎，是最快捷有效率的成功之道。不要小看口交的力量，搞清楚自己該做什麼？怎麼做？何時做？不論口交只是前戲、序曲、主菜，或是最後的大高潮，精妙的口交藝術，絕對值得在妳性愛成就中，增添一項榮譽獎。

如果剛開始口交的時候，他的老二還是軟的，妳就直接把他的東西納入口中，輕輕地舔吸。在他半硬之前，妳的嘴不需要上下動作。運用前一章教過的手技，用手做出一個環，套住他的老二根部，讓他更快硬起來。這樣攪弄一番，他那個軟東西一轉眼就會硬如堅石。

正式起跑之前，先喝一小口水。接著跪在他的雙腿中間，表現一下妳對硬葛格的禮節。再用妳的兩隻手，做成L形狀，環繞住他的老二根部，然後舔弄老二的頂部，再用舌頭在它的側邊上下舔。

到這個時候，他的老二應該足夠滑溜，可以讓妳的嘴輕易滑上滑下。嘴唇蓋住牙齒，緊繃住嘴巴，讓他的龜頭滑進去，用舌頭的頂端和平滑的那一面，舔他老二敏感的後側面。不夠專業的人會以為，舔的時候應該像蛇那樣快速滑動，但是妳舌頭的功用不只是用來舔冰淇淋而已。

現在，他的老二仍然在妳的嘴裡，穩住力道，繼續沿著他的那一根向下舔，盡量向下舔，狠狠地舔到最下面。女人通常都以為最佳的口交方式是上下舔弄，每次多放一些到嘴巴裡。但那是非專業的做法，妳要讓他知道，妳將要使出渾身解數照顧它。

盡量放鬆妳頸部和下顎的肌肉，試著用鼻子呼吸，這

樣可以讓妳發揮最大的控制權。然後妳把嘴巴從他的整根
棒子上面向後拉出來，一直拉到龜頭邊緣。這一招就像打
手槍所運用的環形手打槍法，他會愛死妳的嘴唇滑過他老
二邊緣的感覺。把他的老二從嘴巴裡拿出來一秒鐘，然後
再整根放進去。這樣做也可以讓妳有機會喘一口氣。

繼續用妳感性而緩慢的節奏，在他整根老二上下舔
動。持續大約兩分鐘，妳應該就會開始覺得無聊，這時候
妳就可以開始用手。妳的一隻手必須一直放在他的老二根
部，以維持他的老二在正確位置。妳的另外一隻手，則用
大拇指和食指做出一個環，順著妳舌頭的動作，維持緩慢
的節奏，上下套弄。每次舔到頂端，記得把嘴巴放出來呼
吸一下。

如果你想聽他呻吟，就把環形套弄法，轉變成「上、
轉、頂、下」的神奇撫摸絕技。妳需要一些練習，才能夠
熟練地把這些技巧組合在一起，但是妳所下的苦工絕對是
值得的。緩慢而穩定地維持著妳的節奏，否則一個不小
心，可能馬上就玩完了。

如果他喜歡，妳也別忘了關照一下他的乳頭（見第四
章）。這樣做可以轉移妳的焦點，免得妳太無聊，而他也會
得到快感。用妳的手在他的小弟弟上面多下點功夫，再用
妳的嘴，舔弄他的大腿內側、睪丸、下腹部，以及大腿和
身體接壤的敏感部位。舔這些地方的時候，先輕柔地舔，
然後用嘴唇一面扭撚，一面按摩（見第四章和第七章）。熟
練之後，妳就可以一面用嘴舔他的雞雞，一面用一隻手玩
他的奶奶，再用另一隻手抓他的蛋蛋。

我們建議妳，可以稍微折磨他一下，讓他知道妳有多棒。暫時停止口交動作，把嘴和手從他的老二移開，然後撲到他的胸口，面對著他的臉，在他的嘴唇、脖子和肩膀上，好好地吻上一番，順便讓他冷卻幾分鐘。停止、再開始，停止、再開始，重複這樣的過程，將會造成一種更強、更美、更有力量的大高潮。

停停吸吸幾次之後，妳會發現他快要爆發了。這時候，妳回到前一章提到的「上、轉、頂、下」的技術，幫他打手槍，再運用龜頭摩擦刺激法（見第五章），然後用環形套弄術，結合妳的嘴，有力而快速地套弄他快要爆炸的大傢伙。

有些曾經和女人做愛過的男同志表示：男同志和女性的差異在於，女人幫男人口交或打手槍的時候，到了最後的階段，大部分都沒有使用足夠的力道和速度。我們不希望妳在做這件事的時候懶懶散散，而希望妳可以循序漸進，由慢到快，依次增強力道，激發出一個絕妙的高潮。當他準備要射的時候，把妳的頭移開，或者是準備吞下去（關於這方面，後面會有更多討論）。

妳的手要一直用力套弄他的老二，直到他達到高潮，射出來為止。當他已經射出來一下之後，記住趕快鬆手，因為射精之後的陰莖太敏感，並不想被人碰。如果妳想和他討論訂婚戒指，或者去巴黎的旅行計畫，這時候正是最佳時機——他一定乖乖任妳擺布。

包皮事典
The Uncut Version

　　我們知道女人對於男人的包皮，都會有一種不安的反應。如果妳的男人有包皮，還是有其他的絕招，足以讓他大開眼界。把妳的手套在他的棒子上，讓包皮蓋住龜頭。保持手指的位置，彷彿妳要去換燈泡，然後從龜頭邊緣到頂端，輕柔地抽動他的包皮。如果在頂端還有包皮，你可以把包皮的嘴巴蓋起來，讓龜頭包在包皮裡，用手指在他老二側邊上下運動。

　　現在，妳可以開始拉下他的包皮，準備讓他呻吟了。一點一點地拉下包皮，讓龜頭露出一點，然後握住他的包皮，用妳銳利的舌頭，在他的龜頭四周，進進出出，舔個過癮。接下來，妳再拉下包皮，把整個龜頭露出來，讓包皮留在龜頭邊緣冠狀溝的下面，然後開始舔他的龜頭。當他的老二已經非常、非常硬的時候，包皮應該也已經完全退出來了。如果他的包皮又溜了上去，妳也不要擔心，這對他而言反而有趣刺激。

　　還有，關於包皮男人的性高潮……嗯，目睹異性戀男人射精，我的乖乖，一定很誘人吧！如果妳一直幫他把包皮剝開，這樣他在射精時精液就可以全部流出來，而不會包在包皮裡，他在射精之後就不必急著起床去洗包皮裡的殘羹了。

進階技巧
Advanced Techniques

口交的基礎學成之後，妳現在可以開始準備學習更高階的口交絕技。妳的男人對這些進階技巧所應用的姿勢體位，或許會感到陌生。但是記住，不管是用什麼姿勢，妳的動作都是差不多的。妳的控制程度，可能會有變化。當妳要變換姿勢的時候，必須保持身體的接觸，利用親吻、撫摸、按摩、套弄老二等動作，讓你們保持接觸狀態。這樣做可以避免在妳的動作過程中，造成笨拙而中斷的突兀感，降低了妳的表現水準。

面對面姿勢 Side by Side

肩並肩的姿勢，對於口交施與受雙方，都是非常舒服的體位。這種姿勢並不表示你們兩個人的身體一定得背著對方。妳的男人可以躺在一邊，他勃起的老二可以面對著妳。妳可以躺在妳的那一邊，臉則在他老二的位置。這個姿勢的好處是，妳的頭和頸子可以放輕鬆，因為妳的頭可以枕著床，或墊個枕頭。妳的手或許會覺得可用空間不夠，但是妳仍然可以執行環形套弄法，以及「上、轉、頂、下」的功夫。

妳的男人也會喜歡這種姿勢，因為他可以有更多的自由度，抽動他的屁股。萬一他開始抽動，妳就要留意自己的呼吸了。如果他那個大傢伙一股腦地對妳猛衝猛幹，妳就得趁他抽出來時呼吸一口氣，否則可能會窒息。

在我們的文化中，69這個姿勢具有傳奇的地位。即使是成年人提起這個數字，也不免像「癟四與大頭蛋」那樣竊笑。在男同志玩的賓果遊戲中，每當主持人說「O-69」，每個人都會跳起來大喊：「喔！69！」關於69的姿勢體位，我們都很熟悉。

男同志的色情小說中，充滿了煽情又鹹濕的69描述：處於下位的人向上看著處於上位的男人振動、繃緊肌肉，彷彿用老二在做伏地挺身。但是男同志都了解，要玩69這種遊戲，是需要一些雜耍技藝的，所以男同志都不會像色情雜誌照片那樣，做那麼誇張的動作。如果一個男人在妳的上面，挺著一根勃起的老二，那麼如果妳想以正確的角度，含住他那一根，或許是有困難的。而且若妳在上面的話，他的個子必須夠矮，或者是妳的個子夠高，才能夠讓彼此水乳交融，搭配得宜。此外，妳也不會喜歡一直上下移動妳的外陰，只是為了避免使他窒息而死。

假設你們的身高都符合69的標準，而且是妳在上面。那麼放一個枕頭在他的屁股下面，把他的膝蓋彎曲，讓他的老二更靠近妳。然後妳再拿一個枕頭，墊在他的脖子下面，以支撐他的頭部。妳可以試著坐在他的胸膛上面，膝蓋在他的兩側彎曲，然後傾身向前，為他口交。妳也可以請他按摩妳的背部和屁股，因為他被吹的時候，眼睛看到的就是妳的美背和妳的小屁屁。他或許有更多的創意，會思考該如何用他的雙手，為妳做更多美妙的事。

現在，妳已經從另一個方向，迎向他的大棒子。這個

角度有好也有壞，關鍵點就在於他老二的形狀，以及他最喜歡被吸舔的部位。如果他的老二有一點彎，妳或許可以讓他的老二，多送一些在妳的嘴裡。妳還是得用一隻手握住他的老二根部，讓它昂然挺立；另一方面，妳也可以混雜著使用環型套弄法，以及「上、轉、頂、下」的技巧。這個姿勢的好處是可以讓他的老二深插，妳也可以擁有相當大的掌控權；而且妳用這種姿勢，感覺會很舒適。

69這個姿勢的缺點是，妳的男人無法看見口交的過程。我們都很明白男人是多麼愛看他自己的那一根又高聳又驕傲的魔術棒。所以，如果妳的男人個子很高，或者是有一根砲彈大屌，69這一招就先省省吧。

排排站，吸吸屌 Upstanding Citizen

站著玩口交，有兩種姿勢可以應用。第一種是最基本的。我們在電影上都看過這種姿勢——一個男子脫下褲子，褲管落到膝蓋，然後站著接受別人的口交伺候。這種口交模式，通常都發生在正式上床之前，而且都是在非常興奮火辣的激情時刻。如果妳順便用一隻手玩他的睪丸或是奶頭，將會更加刺激撩人。

我們建議如果妳要這樣站著玩，適可而止就好，溫度夠了，就換下一個步驟。否則，妳的胸罩還來不及脫掉，他就已經繳械了。

第二種站姿，比較適合當作長時間前戲的一部分。硬把他弄到這種位置，技術上好像有點困難，因為他根本沒有概念妳要幹什麼。如果他已經是站著的，妳就去摸他的

老二，慢慢引導他到床邊。這種站著口交的基本姿勢是：妳的男人站在床旁邊，妳橫躺在床上，讓妳的頭懸在床側。不用說，如果妳住大學宿舍，這一招是絕對行不通的。妳的床一定要夠高，才能讓妳的嘴，達到他老二的高度。

第二種姿勢最大的優點是，妳彎曲的脖子，可以讓妳的嘴得到最大的活動空間，甚至可以深達喉嚨。請記住，站著玩口交的時候，他的那根棒子一定會在妳的嘴裡抽動，妳的主控權也會因此而消滅。妳可以試著把妳的頭放在他大腿的位置，調整他的動作。如果他夠體貼，他也會傾身向前，按摩妳伸展開來的堅韌身體。他也可能會開始幫妳做口交服務。但是妳還是必須記住，在這個姿勢下，妳的頭是上下顛倒的，所以妳可能無法撐太久，也可能會昏過去。如果妳想毀掉一個美好的夜晚，最快的方法就是先昏過去。

擺出好臉色 Putting on a Good Face

還有另外一種男同志電影喜愛出現的口交情節，和交媾很類似。假設妳在親吻他，而他在妳上面。妳可以鑽到他的身體下面扭動爬行，直到妳找到了他的那根棒子。就像性交一樣，他也會知道用手拿起老二，放進妳嘴裡。妳的男人或許會很喜歡這樣的方式，因為感覺很像性交。他可以看到整個過程，卻無法對妳做什麼，因為妳在他的下面。他也會看到自己在健身房做伏地挺身的成果。

妳的男人或許會開始抽動進出，因此妳的頭必須固定在一個位置。如果他的動作太猛，或是做一些怪動作，妳

就必須用妳的頭和手，控制他的動作。這個姿勢可能會讓妳的脖子感到勞累，因為妳得一直來回擺動脖子，以維持他老二的位置。試著用麥穗枕頭枕在脖子下面，讓妳的動作更加順暢自在。

口交額外技術教學
Add-Ons

我們現在要教妳一些額外的實用技巧，讓妳的表現可以從入圍跳到得獎。這些技巧都可以和口交連結在一起，為妳的性愛樂趣增加一些變化，也讓妳的男人享受更棒的感覺。

打屌 Dick Whipping

不要害怕，我們不是要妳當皮革族玩性虐待。「拍屌」可能是比較好的字眼，雖然聽起來還是很恐怖。這個招式，動作其實很簡單——把他的老二滑出妳的嘴巴，用妳的臉頰或脖子，輕輕、輕輕地拍打他的老二。

如果他很享受，妳再用力一點。這個招數並不是那種硬式的性愛，只是另一種美好的感官刺激，讓妳的口交更臻完美。這樣做也可以讓妳有機會呼吸，稍微緩和恢復一下，準備繼續下一輪。

嗡嗡嗡 Hummers

「嗡嗡嗡」是另一種他可能會喜歡的輕度感官刺激。

「嗡嗡嗡」其實是在妳口交的時候，發出呻吟或嗡嗡嗡的聲音。它會在妳的喉嚨間產生震動，然後進一步將這震動傳到他的老二上。

妳不需要在口交的時候演唱世界名曲，只需要從喉嚨間發出低沉的呻吟震動，就已經很足夠了。試著變化妳呻吟的音高，營造不同的刺激感。

「刺激」遊戲 Tinglers

玩「刺激」遊戲，需要一些前置工作，妳會需要一些肉桂或是薄荷口味的漱口水。記住：別真的喝下去了。當妳往下吸他屌的時候，放鬆嘴巴，讓口中的漱口水溢到他的老二上。這種強烈的感官刺激，會讓他瘋狂。當妳要回過頭來吻他嘴唇的時候，也可以避免口中有「屌味」。

在妳床頭櫃上的那杯冰水，也會發揮神奇刺激效果。口交的過程中，啜飲一口冰水，嘴裡放一個冰塊。在妳幫他口交的時候，冰塊的冰冷和妳嘴巴的溫熱結合在一起，將會讓他得到超然的狂喜。冰塊溶化之後，他的老二也會變得非常滑溜，等待接受更多的伺候。

如果妳有冒險精神，可以把冰塊拿出來，在他的那一根棒子上滑上滑下。他的老二經過冷敷之後，妳的嘴巴就會像一條羊毛毯子那樣，帶給他無限的溫暖。如果妳要告訴他妳想買一套香奈兒的羊毛大衣，現在是最好的時機。

最後箴言
Last Word

對於一場完美的口交，妳最大的憂慮，應該是擔心自己會透不過氣來。有時候，大小尺寸並不是問題所在，小一點的老二反而好處理。我們並沒有必勝的妙方可以完全避免透不過氣的狀況，這個問題絕大部分的原因，在於妳的放鬆程度，以及妳的舒適感覺。如何控制呼吸，也是一大學問。

這本書裡所提供的絕招妙方，是為了讓妳更有信心，無論妳在做什麼，跟什麼人做，都能控制得當，輕鬆駕馭，放鬆妳的肌肉。當一根熱騰騰的屌兒朝著妳的喉嚨伸進來時，妳第一個反應多半是緊張。請記住，硬葛格是妳的朋友，它應該和妳一樣感覺舒適自在。而且，妳的頭和脖子彎曲的程度越低，嘴巴可以容納他老二的空間也就會越多。避免透不過氣的最好方法，就是運用進出的動作，調整妳的呼吸。盡妳所能深呼吸一次，然後用鼻子吐出氣體，再回到妳的男人身邊，開始為他口交。

吞或不吞
A Note on Swallowing

男同志都不會吞下精液。對！妳並沒有聽錯！雖然不是百分之百，但是在大部分的情況下，男同志都不吞精液的。除了擔心吞下精液可能不安全，男同志也不希望錯過

性伴侶射精的壯觀景象。對妳們而言，看到男人射精的景象，就好像看到國家地理頻道上的一隻企鵝，沒什麼大不了。瑪姬姐姐就堅持認為，看到男人射精一點感覺也沒有。女人該或不該吞下精液？這個問題是個燙手山芋。

有些異性戀男人非常重視吞下精液這件事，但我們覺得那是完全沒道理的。我們不想用長篇大論來討論吞精液的權力政治結構分析，只是想要告訴妳：永遠不要做任何妳不想做的事。如果妳選擇要吞精液，那是妳的決定；如果妳選擇不吞，妳也不用覺得抱歉。妳已經為他做了一次史上最棒、視覺效果最佳、最振奮人心、意識翻騰的口交了，他還想怎樣啊？

後記
Afterword

男同志通常都不擔心這件事，可是我們知道有些女士對「屌味」非常在意，尤其是當她剛剛口交完畢，準備親吻男人嘴唇的時候。

「屌味」的憂慮其實也是另一種預設的狀況，妳大可以把這件事拋到一邊去，不用掛心。如果你們都是乾淨整齊的人，上床之前都一起洗過鴛鴦浴，妳實在不需要憂慮太多。如果妳真的非常非常在意，喝一口水或啜一口酒，再去親吻他，也就仁至義盡了。如果他覺得妳口中的「屌味」很噁心，請記得那是他的屌在發臭。

第七章

愛玩蛋

Play Ball

現在妳已經完成了基礎課程，對於自己所向無敵的性愛功夫，應該很有自信了吧。只要努力練習，必能成功致勝。妳可以從伴侶呼吸的沉重，和他喘息的樣子，判斷出他喜歡怎麼樣的玩法。他甚至會開口告訴妳他的喜好。但是別忘了，很多同性戀男人或異性戀男人都是悶葫蘆，他們口舌木訥，不擅言辭。所以妳得隨時保持警覺和專注，不可偷懶。

在這一章中，我們要介紹給妳的課程，是很多男人都認為女性所不知道的內容。這種狀況從今後將會改變。女人對於男性睪丸所抱持的神祕感和困惑，也是男人所無法了解的。丹尼哥哥認為，那是因為有很多描述都是關於男人對睪丸被踢到的恐懼。但是這並不表示，妳就可以忽視睪丸的存在。

只要依照本章節的新妙招，小心而溫柔地對待這兩粒敏感的小東西，他那兩粒一定會歡心雀躍。妳眼中所看到的睪丸，可能滿是皺紋，長相怪異；但是這個長在他身上，奇貌不揚的小傢伙，也可以變成性愛過程中的好玩具，為你們帶來更多無法言喻的樂趣！有一個男人愛死了自己的兩粒蛋蛋，他可以不用碰到老二，光靠睪丸的神力就達到高潮。不管妳對這件事怎麼想，讓他的兩粒蛋，在妳背後或臉頰上來回拍打，這樣一幅畫面，絕對會帶給他異樣刺激的感官想像。

男人那兩顆蛋蛋，就像是遠房表哥一樣，不是那麼受歡迎。當妳的遠房表哥出現在妳家門口的時候，妳會認得出他們，但是卻沒有非常開心，因為妳完全不知道如何接

待。女人通常都把睪丸完全忽視掉。或許是因為女人每次聽到男人提起睪丸的時候，不是在講挑戰睪丸的高難度工作，就是在說胯下癢。但是男人大都知道「玩蛋」的重要性。在男性的更衣室裡，男人像孩子一樣鬧成一團，用濕毛巾抽彼此屁股的時候，只要他們提到「蛋」（ball）這個字，意思都是指「性交」。從佛洛伊德理論到《花花公子》雜誌，大家都普遍相信，老二才是「主角」；但是現在，聽聽妳的男同志朋友怎麼說吧。

男同志都有睪丸，他們也知道怎麼玩睪丸。所以，把妳鄉下來的表哥帶到上賓客房去好好招待吧。我們要教妳怎麼玩蛋打波，把他的球一舉打進大聯盟。

完全玩蛋法
Basic Balldom

跨進這塊神奇處女地之前，妳必須先對這兩粒特殊裝備有一些基本的了解。男人恐懼的事情很多，有些事情遠比他們的蛋蛋被打破更嚴重。他們的睪丸恐懼是如此根深蒂固，所以當妳要去抓他那兩粒的時候，他可能會有點緊張不安。然而妳輕輕溫柔的撫觸，可以讓他安心，讓他知道妳不會戳破他的蛋。只要妳正確地握住了他的蛋蛋，他會希望妳玩得更野、更瘋。

男人全身上下，沒有一個地方比那兩粒更需要悉心照料。睪丸極度敏感，質感極度纖細，所以「玩蛋」也總是帶給男人極度強大的滿足感。妳一定要很清楚知道妳要做

什麼，因為只要一丁點關節扭動，爽快的感覺就會馬上變成極端的痛苦。如果妳無法確定後果會如何，還是以小心謹慎為妙。雖然男人有兩顆蛋蛋，妳卻必須把他的陰囊當做一個整體。不要去壓擠他的陰囊，讓那兩顆蛋蛋分道揚鑣，那樣做造成的傷害是很大的。

出奇制勝
Trophy Winners

男人的蛋蛋，就像保齡球一樣，有的大有的小，有的輕有的重，長相也花樣百出。有些男人的蛋蛋很光滑，有的長了一片絨毛，有的則是像熊一樣毛茸茸。睪丸的尺寸也因人而異，年紀大的睪丸，還會受重力影響而下垂。保齡球選手都會告訴妳：最前面的幾步是決勝關鍵。這一章節所教妳的這些玩蛋妙招，將會像一顆厲害的保齡球，讓妳男人的蛋一路滾，一路發。

男同志或異性戀男人對於蛋蛋的大小，都不是非常在意。他們重視睪丸的程度，遠不如那根仙女棒。但是在男性之間的言談中，蛋蛋的大小，卻代表了男人的特質、膽量和勇氣的隱喻。例如：「他去年剛丟掉一筆大生意，你想他有蛋蛋（balls，那個膽子）去跟老闆要求加薪嗎？」在他們的潛意識中，越大的還是越好。男同志對於這方面比較坦白直接，他們會用「一大包」、「一大籃」、「大盒子」來描述他們褲襠下整個老二和陰囊的部位。所謂「大盒子」通常是指大屌，但是其實也不盡然。

關於睪丸毛，男同志會從A片中亂學，把光滑無毛的睪丸，當成蛋中極品。有些男人覺得沒有長毛的蛋蛋看起來比較大，觸感也比較好。關於這一點，我們覺得，男同志A片必須抓住每個動作細節，以滿足觀眾的視覺享受，如果睪丸上鋪了一層黑毛，A片攝影師可能無法準確對焦。所以A片裡面的睪丸，都是修剪過，甚至上過粉的。也有些男人會想辦法修剪他們的睪丸毛。我們有個朋友跑去外面買脫毛膏去除睪丸毛，一個星期之後，他的那個地方變得又紅腫又難看。我們到現在還會親熱地戲稱他為「櫻桃白丸子」。異性戀男人比較不會搞除睪丸毛這一套，所以，妳將會面對的睪丸，可能會長了一些毛。我們給妳的建議很簡單：毛就毛，先上再說。睪丸毛有什麼了不起，他有毛，妳也有毛啊！

兩顆蛋蛋，花樣百出
Altered States

女人們必須了解到：在不同的狀況下，男人蛋蛋的尺寸大小、質感硬度、形狀樣式，甚至睪丸位置，都會有不同的變化。妳可能會覺得這個現象很奇怪，但是男性和女性的生理狀況是無法類比的；所以，妳一定要相信我們所提出的這件事實。在環境溫暖的時候，男人的蛋蛋會鬆弛下垂；在寒冷的環境中，睪丸卻會高高懸起，堅挺緊繃。開始玩蛋的時候，他的睪丸應該是鬆鬆的，這種鬆睪丸也比較方便妳掌握和戲耍。

不管有毛無毛，睪丸的側後方，都有一塊像嬰兒般光潔平滑的部位。試著用輕柔的力量撫摸這個地方，讓他爽快呻吟。如果你們肩並肩坐著，妳的手可以輕輕地滑到他的睪丸下面，用妳的中指找到那塊無毛之地，然後再輕輕地撫摸搔動；妳的另一隻手，則可以玩他的老二。我們不建議你們在開車的時候玩這一招。這招比較適合在你們一起看電視的時候，因為他會目睹到妳對他的睪丸所洋溢的歡欣之情。但千萬要小心妳的指甲，否則一轉眼就會樂極生悲，讓他痛不欲生。

玩蛋技術篇
Play Ball Techniques

玩蛋的第一個訣竅，也是最重要的一個訣竅，就是：妳必須抓好他的蛋蛋，不要笨手笨腳。我們在第五章已經教過如何正確掌握那一包東西——用拇指和食指做成一個環，套在陰囊的上方。妳可以先拿一個物品來代替實物，做正式上陣前的練習。我們的朋友之中，沒有人願意犧牲奉獻，自願當白老鼠，於是瑪姬發明了一種實用又擬真的練習代替品。她用一個小塑膠袋，裡面放兩顆去了皮的白水煮蛋，模擬出睪丸和陰囊的樣式。掌握陰囊的主要重點，就是要保持他的兩顆蛋蛋在一起，彷彿它們是同一個單位的。這種掌握睪丸的技法，也可以讓妳在撫摸蛋蛋的時候順暢自然，輕鬆避開睪丸上的那些皺皮。

基本的環型套陰囊功學成之後，妳可以運用這基本技

術，增進妳的手功技藝。有些女人喜歡男人一面撫摸她上面的乳房，一面撫摸或親吻她下面的小蜜桃；同樣的道理，有些男人也喜歡上下一起來，老二和睪丸同時滿足。對於相愛有一段時間的愛侶，這個新招術會帶來無窮的樂趣；對於剛認識的情侶，這一招也有錦上添花的效果。此外，妳對睪丸的愛戴與重視，也會讓妳的男人感到驚訝，從此對妳另眼相看。在他心目中的性愛榮譽排行榜，妳的地位絕對是在最高的頂峰。

如果妳的男人躺著，妳跪在他的腿中間，或跨坐在他的大腿上，這時候妳可以用一隻手抽動他的老二，一隻手從下面，像一個杯子那樣套住他的陰囊。如果女人躺著，男人跨坐在她的身上，這一招也一樣管用。反正就是一隻手幫他打槍，一隻手玩他的蛋蛋。這樣的表演有些難度，需要一點配合，妳可以經過不斷地練習，精益求精。只要妳記得，如果有火山要爆發了，快快閉上眼睛，以免妳的明眸被岩漿噴到。這一招陰囊套弄術，應用在口交上面，也是非常完美而實用的。

現在要再教妳更高階的技藝，讓妳的男人宛如置身天堂。妳可以在前戲之中來點變化，在按摩撫摸當中加點料。讓妳的男人躺著，妳則在他的全身上下又舔又吻，搔癢耍弄。這個時候，他的棒棒一定是高聳入雲霄。妳可以用手指光滑的那一面，從他老二的頂端開始，沿著老二側邊，往下滑動撫摸，然後再繼續往下，一直摸到他的睪丸頂，好像在撫摸一隻小貓咪。

他的老二在這種刺激之下，可能會大幅度抽搐，妳得

用一隻手抓穩他的老二，另外一隻手繼續做上滑下滑的魔術神功。繼續上下前後來回地摸，讓如此美味的戲耍持續下去，直到他承受不了，或者等到你們倆都已經熱情高漲，準備開始進行最後一輪完結篇。

男人身上還有一個奇妙的地方，男同志都很清楚這個地方的美妙。這塊座落於男人的睪丸和肛門之間的神奇地帶，敏感度高得不得了。妳只要輕輕地撫摸、搔抓、按摩這一小片地，男人可能會馬上瀕臨潰堤邊緣，速度之快，連尼加拉瀑布的水流都比不上。所以為了避免他一觸即發，還是等到準備打開閘門洩洪的時候，再使出這項獨家絕活吧。

蛋蛋進洞
Constant Comment

根據我們先前做過，針對男同志、異性戀男人，和女性的問卷調查，很多人都說女人會願意舔男人的睪丸，可是男人都不記得，有哪個女人可以把兩顆睪丸同時放進嘴裡。我們的女性朋友羅莉，親自嘗試過這項絕技，她無法估計兩顆蛋同時塞進一張嘴的情況，但是配合使用環型套弄術，把兩顆蛋套在一起，再加上辛勤用功的練習，她真的成功做到了，能夠一口吞進兩顆雞蛋。

在同志圈中，這種常見的玩睪絕招，被稱之為「吞茶包」（teabagging）。妳可以讓男人跨站在妳的上面，讓那兩顆蛋垂吊在妳的嘴旁邊，就可以輕輕鬆鬆實踐這一套新功

夫。用妳的一隻手套住他的陰囊上端，然後輕輕地拉下他的睪丸，讓那兩顆蛋結合成一個可愛的小囊包。妳要特別特別小心，把妳的牙齒用嘴唇蓋住，再把那一包東西，放進嘴巴裡細細品嚐，舔到讓他永生不忘、永誌不渝。我們敢向妳保證，只要妳敢這樣做，他一定會認為妳是他所碰過最酷、最有創意的情人。當輪到他為妳服務的時候，他也會挑戰創意，玩出更多更有冒險精神的性愛花招。

現在，希望妳已經能夠接受我們所提出的觀點：睪丸，也是性愛遊戲的重點項目，不容輕易忽視。男人都喜歡被別人抓住睪丸，讓他的兩粒蛋被人舔摸，這是不用懷疑的。但是我們最後還是要再提醒妳一件事，玩蛋蛋，並不只限於前戲、打手槍或口交。

在性交的過程中，玩弄男人的兩顆蛋，確實需要做一些配合，但是畢竟妳不是奧運選手，也不是一隻長臂猴。如果做愛的時候他在上面，妳就從他的腿下面，或是從你們兩人的身體中間，輕輕地抓住他的陰囊。妳的腿抬得越高，越容易抓到他的蛋。如果是妳在上面的體位，妳可以試著控制抽送的動作，以便讓妳抓到他的睪丸。妳的掌握力道必須夠強，讓他知道妳正在玩他的蛋，可是妳也不要抓得太用力，影響抽送的流暢。如果你們的動作姿勢太過複雜，太像在表演特技，或者他已經快要接近高潮，妳就可以放開他的睪丸了。在這場「球賽」中，妳已經是個最高評價的種子球員了。

第八章

關於保險套的二三事

*A Quick Course on
Condoms*

Why：爲什麼要用保險套

　　除非過去十年中妳一直活在深山裡，否則妳就應該知道：保險套已經捲土重來，成爲時下的流行指標。保險套並不是設計給無聊的中學生和大學生，讓他們做成水球，丢到窗戶外惡作劇。保險套主要的功用有兩項：讓妳遠離疾病，以及避孕。如果妳的狀況自由，不需要顧慮到這些，那麼妳的確很幸運。如果妳喜歡本書中所介紹的，沒有體液接觸卻仍然趣味無窮的安全性行爲，也沒有問題。但是對於那些想用保險套做愛的人，我們在此提供一些妙方。即使一個男人很負責、很敬業地使用保險套，妳還是會碰到一些需要處理、克服的狀況。談起保險套，男同志最有資格爲妳提供技術諮詢，讓妳安心使用，永續不斷。

115

Who：誰在用保險套

　　每個人的狀況都不相同，妳床上的男人，誰需要戴保險套，誰不用戴保險套，只有妳最清楚。某些異性戀男人會擔心——如果，他平時隨身帶著保險套，會不會被認爲他成天等著打炮啊？男同志對此根本想都不想，同樣地，妳也不必多想。現在的規則是：妳在他家，他就應該準備保險套；反之亦然。身爲一個女主人或男主人，都需要面面俱到，事事準備妥當。但是我們都清楚，異性戀男人有時候是很糟糕的男主人，所以妳還是事先打點好爲妙。

　　如果是在妳家，到了緊要的關頭，沒有聽到撕開保險

套鋁箔紙的沙沙聲，妳只需要從床邊的盒子裡把保險套拿出來即可（見第二章）。給妳一個忠告：即使妳已經買了一年份的保險套，仍應該放聰明些，床邊盒子保險套的數量不要誇張到嚇人，兩個到四個就已經綽綽有餘了。男同志都知道，他們的性伴侶也會和其他的男人上床，所以就算見到性伴侶平時準備大量保險套也不會吃驚。

但是異性戀男人卻相反，他們如果看見妳手頭上有很多保險套，就會以為妳人盡可夫，並不覺得這是很有趣的事。所以妳最好準備妥當即可，不需要表現得太過專業。事先把保險套分開，一個一個放好，是很好的習慣，就像集郵那樣，有條有理，他就不會覺得妳好像一家「生意太好」的館子，而他是「不得其門而入」，必須在館子門口等空位的客人。

如果是在他家，事先的準備工作是必要的。當妳第一次拜訪他家，他可能會帶著妳四處看看。這正是勘查地形的最佳時機。妳可以把外套掛好，把手提包拿在手上。他可能會打開音響，問妳要喝什麼飲料，這時候妳正好可以向他要一杯加了冰塊的冰水。在兩個人還沒上床之前，只要在客廳裡，又有音樂陪襯，剛剛所描述的情節，八九不離十，一定會發生。把妳的手提袋放在地板上，不要離妳太遠。當他摟住妳，要把妳帶進臥室的途中，妳的手提袋還是擺在身邊。妳可以用一種熱情的姿勢，把手提包丟到離床不遠的地方。不管這是不是妳第一次來到他家，只要他沒有先拿出保險套的意圖，妳就下手吧！該什麼時候下手取套，妳一定很清楚的。

When：什麼時候用保險套

戴上保險套的感覺，或許並沒有肉碰肉的感覺來得美妙，但是在我們這個時代，不帶保險套的性行為，絕對不是妳的選擇。假設妳遇到了一個男人不爽地在哀號，因為他不願意戴保險套，妳會發現一些很不可思議的現象。

有些男人會說：「帶保險套做愛，就像穿著雨衣洗澡。」而出此狂言的人竟然還以為自己很有原創性，真是讓人不敢相信。如此的比喻不但愚蠢，把保險套比擬成壞天氣時候的穿著，也是一種對保險套負面的錯誤描述。妳必須馬上起來糾正這種普遍流行的思考方式，以更有趣而愉悅的聯想，把保險套類比成具有正面性的衣著服飾。最好的一種辯論方法是告訴他們：「跑步的時候，不能不穿運動鞋；溜冰的時候，不能不穿溜冰鞋；潛水的時候也不能不穿潛水衣。難道不是這個樣子嗎？」運動的時候，總是要有正確的裝備啊！盛裝穿戴出席派對，重點就在於此。妳熱情又陽剛的拉丁情人也會懂得：戴上墨西哥帽，才能參加嘉年華盛會啊！

What：用什麼保險套

事到臨頭時，任何套子都好用。不過妳還是有得選擇。一個非正式的調查顯示，最好用的保險套牌子叫做和服牌（Kimono）。其中超微薄型（Micro Thin Plus）的品質特別優。和服牌的保險套有各種類型的變化，可以提供各

種不同的需要。Lifestyles的保險套也很值得推薦。而且這些牌子的保險套看起來比較嫻淑，不會像木馬屠城牌（Trojan），埃及王牌（Ramses）之類的牌子那麼陽剛味。

和服公司還開發了另一種產品，叫做「水性潤滑」（Aqua-Lube），用在保險套的內外都一樣好，只可惜這個產品目前還沒有像是洗手乳式的方便瓶裝，只能用打開瓶蓋的方式開啓。

千萬不要用凡士林當潤滑劑，因爲它會傷害到保險套的乳膠材質；也不要用有香味的保險套，它會對妳們兩人造成不舒服的刺激。用保險套的時候，最好也避免用殺精劑（例如nonoxynol 9），那會讓你們又灼熱又癢。羊皮牌（Lambskin）的保險套是幾百年前的過時產品，無法抵抗疾病，我們也不建議妳使用。

我們有一個朋友非常有創意，他是扮演插入者一號葛格的角色，但是他的性伴侶卻對乳膠敏感，無法使用乳膠質地的保險套，於是他靈機一動，拿了一個羊皮牌的保險套，套在一般的乳膠保險套上面。在男同志圈中，這種做法叫做「雙重保險」（double bagger）。但是這樣做的時候必須特別小心，不要摩擦過度而把套子弄破；而且，潤滑度不夠的時候，套子也會滑出來。

不久之前，有一家公司在大量推銷表面有顆粒突起的保險套。有個男性雜誌的廣告，保證這種產品就像：「一千隻微小的手指頭，騷動妳的女人」。如果小凸起會讓妳有更刺激的感覺，妳就放手一搏，大膽去試吧！只是妳的男人並不會因此而有不一樣的感覺。

除非妳要搞個特別的性愛主題之夜，否則，藝術風格的保險套，就不必考慮了吧！當然，總是有男人喜歡重溫當兵的感覺，戴上迷彩花紋的套子，讓敵人不知道他已經來突襲了。妳或許也知道有些笨蛋，喜歡那種嘉年華風格的保險套；或者是夜間偵查隊，對夜光型的套子情有獨鍾。這些產品都只能當作新奇好玩的裝飾品，不能變成習慣；更重要的是，這些保險套的品質一般都比較差。除非妳想辦派對，否則，這些看起來可愛誘人的小道具，還是省省吧！

如果妳的伴侶給妳一個有味道的保險套，要求妳試著品嚐，那可真是一個超級安全的口交。記住，品嚐保險套的人不是他，是妳。如果妳要把品嚐保險套當作一個正式項目，最好用「薄荷之吻」（Kiss of Mint）這個牌子，它會讓妳更加口氣芬芳，彷若清蘭。

Where：在什麼地方用保險套

如果妳外出旅行，或者說在外地約會，隨身攜帶一些保險套吧！把套套當作隨身伴侶，就像妳隨身攜帶的皮夾、護照和相機。妳永遠不知道什麼時候會碰到一個值得拍下來的好風景，妳也永遠無法預料什麼時候會發生風流情事。或許妳最後會到他的家裡去，但如果他家裡除了啤酒以外什麼都沒有，妳也別指望他家會出現保險套。從妳自己的皮包裡變出一個保險套，比起從他的登山大背包裡面亂翻找保險套，實在簡單太多了。

How：怎麼用保險套

有些異性戀男人會幻想他的性伴侶，用嘴巴含起一個保險套送上來。男同志比較不來這一套。如果妳必須玩這一招，在實地操作之前，先用其他代替品來做練習。記得，含套套的時候，要用妳的嘴唇，而不是用妳的牙齒。

保險套拿出來之後，我們馬上要提供給妳一個關鍵性的招數，因為這個小常識，可以讓妳與眾不同，出類拔萃。雖然我們建議妳做愛的時候，使用預先潤滑的保險套，可是在妳把保險套拉出來之前，還可以在保險套頂端的內面，塗上一點水性潤滑劑，因為這樣會為他營造更舒服的感覺。只要用一滴潤滑劑就夠了，重點是要在他的龜頭頂端，弄出一個小濕球，以避免他的陰莖受到太大的摩擦，因為妳也不希望做愛做到一半的時候，保險套滑了出來。妳這樣做，他一定沒有意見，他甚至會覺得，為什麼自己沒有先想到。

那麼，正確戴套的禮節是怎樣呢？在妳們正式開砲之前，就先去打開保險套的包裝，但是不要拿出來，這樣做可以讓妳們的過程順暢，當該插進去的時候，就不會手忙腳亂。這個動作不宜太早，大約是正式插入前幾分鐘做即可，否則保險套會乾掉。

如果他想自己戴套，妳就讓他戴。如果妳想讓他覺得，他勃起的巨根是妳見過最壯觀的景象，妳就跪在他的腿中間，用一種朝聖的感覺執行戴套儀式，好像在對國旗致敬。

　　保險套必須翻出來用的，所以妳應該事先練習，了解哪一邊在上，哪一邊在下。抹一些潤滑劑在套子的內層，或者抹在他勃起陰莖的頂端，然後把套子放在他的龜頭上，用妳拇指和食指中間的部位，捏住套子的橡皮頂端，留一點空隙出來，為了即將來到的男性精華預備空間。然後把保險套向下展開，就大功告成。妳對他那根巨棒的謹慎和虔誠，會讓他對妳產成奇妙的想像。

　　妳不應該擔心保險套丟棄的問題，因為他應該知道要把保險套丟到垃圾桶。如果他把套子丟在地板上，或塞進妳的洗衣籃，妳可以考慮把他甩掉了。根據我們不甚科學的研究顯示，這種人絕對是豬頭。

121

第九章

強棒出擊

Interchange on
Intercourse

經過了前面的討論和演練之後，妳的男人的那根棒子，應該已經神氣非凡，昂首高聳，準備好大幹一場了！

丹尼哥哥非常驚訝地發現：原來，大多數的女性朋友，都把老二當成一根死板頑固的硬漢工具，從來沒有思考過老二還有其他的可能性，也從來不了解不同的做愛姿勢會影響到男人的感覺。女人應該要懂得欣賞好朋友硬葛格多方面的才華。

有些女人以為，古老的前後抽送活塞動作，就是做愛的全部了，所以她們都讓男人來主導、做選擇。可是男同志都了解，做愛過程中的每一個動作，都會影響到老二的感覺。所以男同志都喜歡求變化、換花樣。他們會在做愛過程中間變換方式，絲毫不會覺得不好意思。

記住，做愛不僅僅是讓精液射出來而已——射精和做愛相比，就像冷凍魚排漢堡和新鮮鯖魚料理，兩者是有差別的。

選擇跑道
Track and Field

賽跑的人都知道，短跑、接力賽和馬拉松，都有不一樣的得勝策略。跑馬拉松的時候，一開始不能衝太快，否則到後面就後繼無力了。

相對而言，短跑者也了解，如果要奪得金牌，一定得奮力猛衝。不論妳選擇的是哪一種，我們所提供的妙招，將會讓妳贏在起跑點上，旗開得勝。

短跑 Sprints

大家都喜歡坐下來好好享用一頓大餐，但是有的時候，快速解決一餐飯也是很大的滿足。每個人偶爾都會喜歡來一場快速的性（quickie）。快速的性對於男同志而言，可能就是一場倉卒而火熱的打手槍。對於異性戀男人來說，快速的性可能是起床之後的歡愉，也可能是一天當中的一頓小點心；可能是晨跑、飛機上的交歡，或是電梯裡的激情。

如果在妳早上睜開眼睛之前，他的肉棒就興致勃勃地探頭探腦，妳就直接上，把他給解放了！妳的男人將會喜出望外，而妳也會有足夠的時間化妝梳頭、打扮出門。記住：男人隨時隨地都可以搞，套句瑪姬說過的話：「做一場愛，開始妳得意的一天。」

126

接力賽跑 Relays

每個參加接力賽跑的運動員，都一步步向著目標推進。男同志知道：性愛過程中的每一個段落，都具有同樣的重要性。在接力賽跑中，每個握著接力棒的選手，都在執行一個重要段落；但是在現在的情況，妳是唯一的選手，妳必須要控制進行速度，否則到達終點之前，他的接力棒就會掉下去了。

能把各種性技巧融會貫通，妳就是專業玩家。妳也會在過程中製造中場休息，不然他可能玩到一半就累壞了。如何決定節奏、決定等待時間、決定中場休息時該做哪些事？請翻到第四章去尋找答案。中場不要超過三分鐘，否

則妳會看到他的棒棒開始摩擦妳的大腿，到時候，妳只會搞得渾身濕黏，卻一點爽快也得不到。

馬拉松長跑 Marathons

現在妳願意排除各種障礙，全程參與這場大賽了！這種經驗妳或許也有過。可能妳的孩子都去參加夏令營了，或者颱風下大雨的惡劣天氣，你們都待在家裡，也或許妳刻意把一天的活動都排開，讓這一天屬於自己。於是，妳有了充裕的時間，有了性伴侶，還有一堆藏好的保險套。口交和手技只是序曲，在主秀中，將會運用到一堆妳從來沒有嘗試過的性愛姿勢。

控制高潮
Climate Control

127

在第七世紀的時候，中國唐朝有位洞玄子大師。他不辭辛勞，煞費苦心地描述了三十種「翻雲覆雨」的基本姿勢，解釋各種類型的性交模式。其中有一些姿勢，妳可能已經嘗試過了，但是我們不知道，有沒有人真的把三十種全部試過。或許妳會問，怎麼會有人想學三十種性愛姿勢呢？因為每一種姿勢，都有不同的角度和進入方式，讓妳得到不同的感官享受。設想周到的洞玄子，把這些全部都記錄下來了。我們在本書中並不會把這三十種姿勢一一介紹給妳，但是我們會教導妳某些姿勢的運用，提供妳嘗試使用。

想像妳的男人壓在妳身上。有些無趣的男人，做愛的時候永遠一成不變，好像在用單調重複的動作，把鐵釘敲進牆壁裡，只有結束的時候會越來越快、越來越用力。有些男人懂得旋轉老二，好像在跳「黏巴達」。他可能用四十五度的角度進入，然後再變換成九十度繼續抽送。妳不必一直重新設定姿勢，這樣他才好找到一個最後衝刺的姿勢。妳的屁股不要上下亂動，硬葛格需要好好做個運動，他會站立、彎曲、從各種方向動作。所以當妳在思考使用新的姿勢和新的抽插方式時，把這些角度變化放在心裡吧。這正是個展示妳新技術的好時機，硬葛格會好好享受這種感覺的。

變換姿勢
Position Transition

性愛的姿勢種類繁多，有些妳一定嘗試過。很多性愛姿勢，對於「走前門」或「走後門」，都一樣適合。妳只需要做一些小小的變化，就可以得到雙重享受。關於「走後門」的特殊招數，我們將會在本章的後面專文討論，提供妳必要的常識。變換姿勢的重點並不在於特技表演，而是運用一些新的竅門，改善妳的技術。運用妳的想像力，以及妳的麥穗枕頭，就可以輕易變換插入的角度。這場床上運動，將會讓妳的男人難以忘懷。

在男同志圈中，性伴侶之間區分「零號」（bottom）和「一號」（top）的情況非常普遍。我們的一位好朋友菲爾就

曾經開玩笑說道：「我是妹子，讓男人多做點事吧。讓他插進來，抽插幾下射精。然後就不關我的事啦，我要上街血拼了！」妳以前一定也會有這樣的看法。只要打開同志雜誌的分類廣告，妳會發現「一號」的穿著形象，都好像是一隻警徽，象徵著他們的主控地位。同性戀或異性戀，通常也都會把伴侶角色想像爲「施予者」和「接受者」，而不是一種伴侶關係。這種現象讓我們覺得非常怪異。我們覺得誰施誰受，完全沒差。

　　大家對於「傳教士姿勢」都很熟悉。妳可以試著讓他站著，妳把自己的私處對準在床沿，讓他用手抬起妳的腿，可以用一隻手抬一隻腿，或一隻手抬兩隻腿，以調整上下高度，變化摩擦角度，得到不同的感覺。妳也可以把腳踝勾在他的肩膀上，或者是一隻腿彎曲，另一隻勾腿在他的肩膀上打直。別忘了勤勞地做凱格爾運動（Kegel exercise），練習收縮陰道和肛門，讓他的老二從裡到外，得到被緊縮擠壓的快感。

　　很多女人都忽略了一種很好的做愛方式，可以讓兩人都滿意。這一招和「普林斯頓刷肚皮」（Princeton Belly Rub）很類似（見第十章）。讓妳的男人在妳的上面，做出伏立挺身的姿勢，插進妳身體。

　　他的手和肩膀可以放在妳的肩膀上，或放在床舖上。他踮著腳作成槓桿形體位，你們倆的身體都保持平直，他就可以用他的身體前後快速抽動，而不必抬起骨盆。這種快速抽插的方式效果強烈，所以最好留到最後，再使出這項絕招。

走鋼索 The Flying Wallenda Position

有一種男生在上面的做愛姿勢非常有趣,那是丹尼哥哥從看過的一部同志色情片中得到的靈感。零號的男生把腿抬到自己頭上,一號的男生則站在他上方,臉朝著和零號男相反的方向,插入零號裡面。這種姿勢體位對於異性戀伴侶,似乎難度過高;不過,我們研發了一種改良方案,取名叫做「走鋼索」(Flying Wallenda)。

妳背朝下躺在床上,妳的男人在你的上方做出伏地挺身的姿勢,他的頭和手臂在妳的腳中間。把妳的腿盡量向後伸,讓妳的小妹妹面朝上,同時抓住妳的腳,讓他從上面插進插出。妳可以拿起他的兩隻腳來做舉重,讓他可以從各種角度插入,妳也順便健個身。這一招額外的好處是,他的重量壓力之下,妳的屁屁可以接受一次美好的按摩;硬葛格也可以從向後的角度抽插,得到一種完全不一樣的新奇感受。當然,妳伴侶的身體要符合標準,才玩得起這一招。

130

空翻蝶 Hovering Butterflies

如果你想感覺像個體操選手,試試洞玄子的「空翻蝶」姿勢。男人背朝下躺在床上,膝蓋彎到胸前。妳在他的上面,面對著他,用床支撐妳的膝蓋,坐在他的大腿背側。在這種姿勢,他環繞在妳腰上的腿,可以變化插入的角度。妳的工作量會比較多,因為他像一隻蝴蝶標本,被釘在床上。他可以用手撐在妳的屁股下面,再用他的肉棒幫妳動上動下。

兩人成T T for Two

T型姿勢是：妳背朝下躺著，雙腿抬到空中，他側躺著，和妳的陰道垂直。他可以抬起妳的腿，從下面插入。這種姿勢，陰莖會從傾斜的角度進入妳，造成另一種快感。男同志很喜歡玩這一招，因為當一號的男生，必須傾身靠在他的前臂上面，順便也可以秀一下他結實突起的二頭肌。

X戰警 X Marks the Spot

「X戰警」是個廣受歡迎的側面姿勢，尤其是當你們倆都想舒舒服服躺在床上的時候。你們兩人的雙腿交纏，他的一條腿在下面，妳的一條腿則架在他那條腿上面；然後他的另一條腿，則架在妳下面的那一條腿上面。你們之間的距離可以接吻，而這種姿勢的絕妙之處在於，你們兩個可以互相擠動雙腿，改變彼此間的壓力。

大腿插插樂 Prized Thighs

男同志做愛，需要坐在屌上的時候，通常是用蹲姿，然後身體動上動下，順便為兩條大腿做運動。但是瑪姬姐姐卻說：大部分的異性戀女人都不是這麼做，她們都是跪在男人的身上。不論選擇哪一種，妳的性伴侶都可以從下面用手撐住妳的大腿，方便妳做上下的運動。這樣的做法，即使他位在下方，也會有更多的主控權，當他在抽插的時候，可以在抽出來的過程中，感受到從陰莖邊緣敏感地帶傳來的快感。

如果他想把腿伸直，把他的雙手放在妳的屁股上。妳可以讓他用他的棒棒，向前向後摩擦妳的小妹妹，就可以得到不一樣的快感，而不用上下跳來跳去。用這種前後方向的插入姿勢，妳不必耗費太多精力，也不會覺得自己像跳動的爆米花。如果妳準備要高潮，就換回上下插入的方式，因為上下插，才是讓他產生高潮的奧祕。

飛機尚未停妥，請留在座位上
Please Remain Seated While Aircraft Is in Motion

性愛活動並不一定要在臥室發生。如果一個男人坐在沙發上，妳可以試著用蹲在大腿上的姿勢做，兩人可以面對面，或者背對背。

這種做愛方式很舒服，你們倆都會喜歡的。只是妳要小心，別讓他拿到遙控器，否則他就會一直盯著足球賽，根本忘了妳的存在。

我們的朋友唐恩是個廚師。他把女友給甩了，因為他的女友只願意在床上做愛，其他地方都不肯嘗試。或許因為唐恩有職業病，他非常喜歡在餐桌上翻雲覆雨。當他的女友告訴他：「不！」他馬上把女友掃地出門，就像丟掉一盤剩菜。

到底廚房和餐桌有什麼威力呢？我們認識兩個男同志，他們的風流過程非常狂熱，真的熱得不得了，因為他們選擇在爐子上做愛。如果妳喜歡高溫性愛，我們沒有意見。只是要小心遠離爐心，否則，小心變成一隻塞滿好料的烤雞。

好來賓請從後門進入
A Back Door Guest Is Always Best

「好來賓請從後門進入」（A Back Door Guest Is Always Best）這一行字，是我們在一位朋友父母家後門的裝飾板上看到的。不知道為什麼，我們總是會對這一行字發出竊笑，但是朋友的雙親都威嚴端正，我們也不好太過放肆。根據我們的異性戀朋友唐恩的說法，「走後門」（backdoor sex）的感覺確實很不一樣，原因就在於肛門特殊的角度和緊度。對於被插入的男人，對方抽動的陰莖刺激到他的前列腺，會引發高潮。然而女性的生理卻不一樣。

不過，仍然有些女人喜歡肛交，有些女人痛恨肛交，有些女人則對肛交沒有感覺。有許多人，包括同性戀和異性戀，都用「痛苦，然後快樂」這一句話，形容肛交的感覺。剛開始的時候一定會不舒服，可是一旦肌肉放鬆，開始搖擺動作，那種滋味可是美妙得不得了。許多男同志和異性戀女人，對此都甚表認同。

按摩屁屁，絕對是肛交前必要的準備。這樣做可以放鬆肌肉，刺激性感部位。如果妳的男人想要玩肛交，這些基本常識他應該要懂，而且在他進攻之前，應該做好準備，細心地幫妳按摩。肛交最重要的一點是：不管在什麼情況下，如果妳想玩肛交，一定一定要先做潤滑，因為肛門並不會自己分泌潤滑液。當他在準備保險套、幫自己潤滑的時候，妳可以在手指上抹一些K-Y潤滑劑，然後輕輕地用手指，塗抹在妳的肛門口，然後再抹一些在妳的肛門

內。妳的男人可能會幫妳做這些，但是妳最好還是自己做，以確保一切都準備妥當。

第二個重點，也是很多異性戀男人忽略掉的一點：插入的時候一定要非常緩慢，然後停幾秒鐘，再繼續進入。俗語說得好：勤能補拙，不斷地練習，總能精益求精。

洞玄子還介紹過許多具有東方情趣的性愛姿勢，例如：龍宛轉、臨壇竹、鳳將雛……這些名字聽起來很炫，但其實也就是把妳已經知道的性愛招數，加進一些體位和角度的變化，讓妳變成最尊貴的來賓。

關於性愛的姿勢，我們最喜歡提起這一段故事，故事的主角是我們的朋友，名叫麥琪。麥琪是個幸運的女孩，總是有接連不斷的火熱情事。有一次麥琪剛剛離開男朋友家，火速奔去上一週一次的瑜伽課程。她遲到了十分鐘，走進教室的時候，教授正在講狗的姿勢。麥琪很得意，覺得自己經驗豐富，可以實地操作。於是她趴在地上，雙手和膝蓋著地，把她的屁股驕傲地向後頂。然後，教授以平靜的語氣糾正她說：「我說的是狗的姿勢（dog position），並不是狗交姿勢（doggy position）。」

愛妳打屁股
Love Taps

打屁屁的遊戲在男同志的性愛活動中非常普遍。動作很簡單──用不太大的力量，在對方屁股上快速拍打一下，就大功告成了。一號的男同志，通常喜歡在性交過程

中，打零號的小屁屁。打屁屁的感覺不賴，零號男同志在肛交中，會得到更強烈的感官刺激；一號男同志也會得到樂趣，因為他可以一面做愛，一面聽到清脆的響聲，和嬌媚的呻吟。妳也可以在性交過程中，打妳男人的屁屁，看看他的反應如何，喜不喜歡？這就像夾奶頭一樣，他要不是愛死了，就是恨死了。不過打屁屁是絕對安全的。如果他以前沒有經驗過，何妨一試呢？

淫聲撩人情，浪語擾人心
How to Talk Dirty, If You Must

丹尼哥哥客居法國的時候，曾經和一個標致的法國男子，有過一段美妙的風流韻事。丹尼哥哥的法語本來就所學有限，而那位法國猛男又一句英語也不會說。除了性愛之外，他們其實沒有其他的情感交流，但是他們的關係卻棒得不得了。這位生性好動的法國男在床上的時候，言語技巧驚人，總是用低沉性感的聲音，呢喃地吐出一堆法國字。丹尼完全不知道法國男在說些什麼不堪入耳的東西。他享受到淫聲浪語的樂趣，卻對內容一無所知。

瑪姬姐姐對淫聲浪語的態度卻不一樣，她堅持要知道一點語言的意思。有一次，瑪姬和一個熱情的西班牙種馬正在熱情歡愛，這個西班牙人在她的耳畔呢喃呻吟道：Adentro, adentro。她年代久遠的拉丁文訓練告訴她，這個字和牙齒有關。於是瑪姬開始溫柔地啃咬他。每次當他急切地喊著：Adentro, adentro，瑪姬就咬得更用力一點，而

且相信這個男人也爽到了。之後，瑪姬用電子翻譯機查了一下，才知道原來他的意思是──裡面。

接下來，我們要告訴妳，我們在做愛的時候，都不是大嘴巴，但是很多男人似乎都輕忽了嘴裡說的話。所以我們有必要再針對這方面，提供妳一些絕招。男同志都會注意到這個關鍵：從妳嘴巴裡所講出來的內容，其實並不重要。女人或許愛聽甜言蜜語，但是男人只會想到他們的那根大肉棒。所以如何傳送淫聲浪語才是重點。

激起男人興致勃勃的慾望，是妳聲音中的性感，那種低聲而沉靜的呢喃，以及妳對他的男性氣概和非凡英勇，所發出的微妙讚嘆。淫聲浪語是妳做愛過程中的必需品。如果妳的男人喜歡聽，就好好發揮妳的演技，放膽叫出來。把妳性感的聲音，放進字裡行間，傳送到他的耳畔。

如果妳對這方面的技巧笨拙，我們有一些建議可以提供妳參考。淫聲浪語的方向有兩類：第一類是關於他有多麼堅硬、他有多麼巨大、他身體有多麼火熱、他有多麼讓妳覺得性感。第二類的淫聲浪語，則是關於妳要他更快一點、更猛一點、妳喜歡他流汗的身體……懂了嗎？淫聲浪語的時候，千萬不要太誇張，不然他會以為妳從運將司機那夥人那裡學來這些話。

現在，妳已經萬事俱備，陰陽調和。妳的水蜜桃和他的大香蕉，也都已經水乳交融、快樂和諧。根據男同志的禮節，做愛完之後，他即將翻身睡去之前，應該遞給他一條溫熱的濕毛巾。這樣的禮貌，會讓他永遠記得妳的優雅和殷勤，也可以保護妳昂貴的名牌床單。

136

第十章

另類玩法，非請勿入

"Do Not Enter"
Alternatives

許多異性戀似乎都認為，男同志只會幹屁屁。大錯特錯啊！男同志對於「不用插入的另類玩法」非常在行。我們無法明白，為什麼有這麼多異性戀都覺得沒有插進去，就不算性愛。有很多異性戀男女睡在一起，什麼事都做盡了，只差沒有性交，他們仍然不認為那是性愛。這種謬誤，或許是從傳統處女新娘的觀念演化過來的。換句話說，旁門左道的玩耍沒有問題，但是如果要走正途「進去」，就得先準備結婚戒指。

在六〇年代性解放運動之前，大多數人都有這樣的概念：性愛的過程，並不一定要以性交作為終結。男人在約會之前都會事先思考策略，希望能夠從一壘安打，一路打到全壘打——和有些女孩只能玩到一壘，有些好一點只到二壘，有些到三壘，而只有一些女孩會讓男孩玩到全壘打。如果不能玩到全壘打，男孩也就認了。

女孩子也懂得如何玩這場遊戲。為了維護她們的聲譽，她們有義務對男人說不，但是同時也得挑動男人的興趣，儘管男孩對他們哀號抱怨，為他們發脹的老二提出抗議，拒絕就是拒絕。女孩們都明白：好女孩會結婚，有教養的女孩受大家歡迎，但是讓男人上過的女孩，就會被貼上校園蕩婦的標籤，從此受人嘲弄，社會地位毀於一旦。

如果妳不相信，去看看當時一些電影中的女性角色，例如《春泥濺花紅》（That Touch of Mink）中的桃樂斯黛（Doris Day）、《天涯何處無芳草》（Splendor in the Grass）中的娜妲莉華（Natalie Wood）；或是去聽「肉塊」（Meat Loaf）合唱團的〈儀表板下的天堂〉（Paradise by the

Dashboard Light）這首歌，妳就可以發現這種處女情結無遠弗屆的影響力。不過，避孕藥的發明改變了一切，對於性愛的緊張態度被大家丟在腦後，成為昔日黃花。人們對於性愛態度的改變，就反映在《春滿娃娃谷》（Beyond the Valley of the Dolls）這部電影中。

猜猜看怎麼著？時代變了。九〇年代好像又回到了五〇年代。今天的女性居然把當年他們的母親所反叛的東西，拿出來狼吞虎嚥。今天的「規矩女孩」，取代了過去的「好女孩」，她們的基本信念就是「不行！不要！不給！」除非結婚戒指已經戴在手上。無論妳是規矩女孩，或者是派對女郎，或者妳還沒有定義自己的屬性，都沒有關係。不用插入的另類玩法，再度成為流行，還有其他真正的理由。此外，這些另類性愛活動都是非常有趣的，也可以為妳一成不變的性生活，添加新鮮的調味料。男同志會把這種不用插入的另類玩法，昇華成一種藝術。所以請準備好，我們要開始玩了！

愛情肥皂劇
Soap Operas

說到乾淨、清潔，跳進浴缸胡天胡地，就像小孩玩耍一樣有趣。現在你們有兩個人，更可以玩到把浴缸給翻過來。一起跳進浴缸洗個鴛鴦浴好處多多，你們會放輕鬆，會興奮，會高潮，也會變乾淨。瑪姬姐姐一直以為，男人在溫熱的水中不可能勃起，但是當丹尼哥哥告訴她，自己

140

在一個戶外熱水浴缸中的一段星空性奇遇之後，瑪姬姐姐終於改變了她的想法。

這場泡泡遊戲的規則很簡單，找幾個浴缸用的枕頭，把浴缸放滿水，加進可以振奮精神的草本香精，取代花朵製造的香料。然後進入浴缸，先放鬆一下，讓兩人手指交纏，然後加進沐浴乳或溫和的肥皂，你們的手就可以開始工作了。你們倆把身體拉近，讓妳的腿架在他的大腿上，用肥皂泡沫，幫硬葛格洗個好澡，然後就可以一路玩耍下去了。

在浴缸裡打手槍時，可以來些變化。妳可以把身體坐直，依偎在他的身上，讓他倚著妳的胸。然後妳一面按摩他的背部、肩膀或頭部，一面親吻他的脖子。盡量探索他的身體，把妳的手滑進他的手臂裡，撫弄他的乳頭。再用妳沾滿泡泡的手，往下抓住他的棒棒，目睹他的小雞雞變成一根大香腸。這套技藝，也可以用在你們倆角色互換的時候。

保持身體的清新乾淨，是很好的美德。丹尼哥哥就是一位愛上淋浴的男人。其實妳可以躺著做的事，站著一樣也可以做。你們可以面對面站著，幫他打一次爽快的手槍；也可以從後面，或者是跪在他前面，用手解放他。一面淋浴，一面做這些快活事的時候，記得把妳的背部，對著灑水的方向，妳的臉才不會一直受到強烈水柱攻擊。

別忘了浴室橡膠地毯的神奇功用。妳希望他爽到慘叫，卻不希望他滑倒打破頭，這時候妳就需要一張橡膠地毯墊在地上。這玩意兒也可以墊住妳的膝蓋，讓妳舒舒服

服地替他效勞。

提到跪著做事，妳也可以嘗試在早晨的時候，一面淋浴，一面幫他口交。先彼此抱抱，然後接吻，幫他全身塗抹肥皂。在地上放一個泡澡用的小枕頭，墊在妳的膝蓋下面。淋浴口交的時候，別忘了偶爾抬起頭來呼吸一下。淋浴時打下來的水流，會讓你們的頭部異常舒爽。幫他口交完畢之後，妳可以建議他幫妳進行一場淋浴按摩。

瑪姬姐姐有一個愉快的回憶。有一天大清早，她和一個高大魁梧、從北歐來的挪威研究生在淋浴間約會。這個男生要瑪姬彎下腰，手臂伸開，雙手支撐在牆上，雙腿夾緊，然後用他抹上肥皂的巨棒，在瑪姬的腿中間滑進滑出，然後再把瑪姬的身體轉過來，兩個人面對面繼續玩。儘管過程火辣，兩個人的雙手和全身，仍然乾淨清新。瑪姬為這位學生優異的表現，評了一個「甲上」。

普林斯頓刷肚皮
Princeton Belly Rub

現在既然談到了學校生活，就來談談這一種比較「乾」的性愛技術。在丹尼哥哥的活動圈裡，這一招叫做「普林斯頓刷肚皮」。丹尼哥哥唸哥倫比亞大學時，普林斯頓大學的男孩子曾經來到紐約度週末、找樂子，他們喜歡玩一種遊戲，後來就變成了「普林斯頓刷肚皮」。丹尼哥哥永遠記得他和一個普林斯頓大學歷史系學生的每一秒經驗，對方高超的技藝，讓丹尼哥哥永難忘懷。

「普林斯頓刷肚皮」的基本姿勢是面對面躺著。上面的男生做出伏地挺身的姿勢，手肘彎曲撐在床上。兩人的老二貼在一起，上面的男人用腳趾當作支點，前後擺動身體。這樣做的感覺很好，在下面的男生，也可以滑動身體，兩人可以合作找出最爽快的點。

刷肚皮這一招最美妙之處在於，兩個男生可以幾乎同時達到高潮，然後一起去洗澡，再去喝杯調酒。

這一招如果用在你們身上的時候，妳的雙腿最好打開，而妳的男人則把腿放在妳的腿中間伸直。然後，他就可以把他的棒棒，放在妳的穴穴上面刷來刷去。當他在賣力刷的時候，妳或許可以撫摸他的屁屁或奶奶。高潮來了之後，拿一條毛巾把肚子擦乾淨就可以了。這是一種活力充沛的健身運動，絕對讓妳滿意。

滑後門
Back Sliders

有些女性和一些陽剛的大學男生，都以為男人喜歡「打奶炮」，把老二夾在女人的兩粒乳房之間抽動。我們覺得這種奶炮並不好打，而且，如果乳房像洗衣板的人要怎麼玩啊？有一種更好、更刺激的方式，叫做「滑後門」。妳面朝下躺著，讓他在妳的兩片屁屁上面（不是屁眼裡面）抹一些潤滑液。讓男人躺在妳上面，或者是跪著跨在妳身上，然後用他的屌，在妳的兩片屁屁中間滑來滑去。

這個招數和「普林斯頓刷肚皮」很類似，感覺棒，而

且絕對安全。不過妳要知道，滑後門這個動作和走後門插屁屁，只有一線之隔。如果妳要玩插屁屁，就得要求他戴上套套，並且在屁屁裡多抹一些潤滑劑。

珍珠項鍊
The Pearl Necklace

　　聽說漢普敦的男同志和異性戀情侶，很喜歡玩一種另類性愛，叫做「珍珠項鍊」。一位住在東漢普敦的朋友告訴丹尼哥哥自己的一段性冒險，說他自己是如何在歡愛的過程中，把一條「珍珠項鍊」送給他的女友。丹尼哥哥聽到這場奇遇非常神往。「乖乖，」丹尼哥哥佩服地說道：「真是了不起啊！」但是後來丹尼哥哥跑去問他的女友，珍珠的尺寸多大？是天然的還是人工培育的？方才知道「珍珠項鍊」真正的意思。

　　這是一種安全又簡單的另類玩法。妳背朝下躺著，妳的男人跨在妳的腰上。妳可以捏捏他的奶頭、摸摸他的大腿、玩玩他的睪丸，或者是玩妳自己也可以。這時候呢，妳的男人就自己來，自己打槍打到射出來。妳可以幫助他在手上塗一些潤滑劑，而且當他高潮的時候，妳要幫忙引導他出來的精液，避免噴到妳的臉上，而是射在妳的脖子和胸部。就這樣，「珍珠項鍊」的名號不脛而走。「珍珠項鍊」的種類繁多，有些是簡單的一串，有些則像是聽歌劇戴的豪華型串鍊。妳會得到哪一種項鍊，就看妳性伴侶的功力了。

男人會覺得「珍珠項鍊」這個招式非常刺激，因爲他們知道怎麼弄自己，才會達到自己要的感覺；也因爲他們永遠看不膩自己射精的樣子。妳要做的事其實很少，得到的卻很多。理論上，女性只要引導過程，根本沒有其他事情可做。他可以自己爽、自己樂，妳只要閉上眼睛，想一下待會兒要去哪裡血拼。

不過我們覺得，如果妳的眼神呆滯，面容枯燥，那就別想得到好康的回報。爲了製造最佳效果，妳應該積極參與，爲他加油，表現出妳的興趣和熱心。妳還可以做些變化，用妳的巧手把他射出來的東西，引導至妳的脖子上，創造妳自己所喜愛的珍珠項鍊款式。

一起自慰樂無窮
M&Ms

M&Ms是男同志稱呼「一起打手槍」的代名詞。這是一種絕對安全的性愛模式，你們兩人都可各取所需，只要不性交，可以用任何一種妳喜歡的潤滑劑，幫助自慰的進行。異性戀男人都不願意在他們的伴侶面前打手槍，男同志卻完全沒有這方面的問題。他們都知道，硬葛格喜歡受到眾人的關愛和矚目，任何東西都可以刺激他的表演慾，包括他最要好的老朋友——五姑娘。

然而，爲什麼有那麼多異性戀男人沒有辦法在女人面前玩他自己的鳥呢？原因當然很多，但是根據我們非正式的調查，原因包括：他害怕別人以爲他是同性戀；如果他

自慰的技術太高竿，他怕別人會以為他是個怪胎；擔心人家以為他只會自慰，而不會來整套全壘打；擔心別人以為他們自慰的模樣看起來像是個懶漢，彷彿其他的工作都要交給性伴侶來扛（最後一句有點不祥之感，我們勸妳在和男人上床時，最好不要去想像對方有多懶）。

還有一個原因。我們的一位朋友，說了她在大學時候的一段經歷。她有個女性的朋友，有一天和男友倒在床上睡著了。當她醒過來的時候卻恐怖地發現，她的男友正在打手槍，而且正準備把精液射在她的身上。

我們都覺得，這個女孩或許不用那麼吃驚。畢竟男人就是男人啊！尤其是大學男生，更是精力過剩。這個男孩可能讀過一篇報導，知道精液貯存過量的可怕後果。但是這個女孩不等男孩的解釋，也沒有等他射出來就奪門而出，還把這件事告訴了她所有的朋友。這位可憐的男生在學校裡自慰的事情，最後被弄得人盡皆知，被大家取笑。

這個事件或許只是大學裡的笑話而已，但是顯然也證明異性戀面對男人自慰的態度，並沒有男同志一樣自在。這種態度或許正在改進當中，但是有時候仍然會碰到一些封建餘毒下的遠古人類。

妳的伴侶有時候並不是最理想的撫摸好幫手，所以偶爾妳也要用自己的手為自己服務。妳也要讓他對他自己的雙手重拾「性」心！所以妳——一個異性戀女人——應該如何讓妳的男人知道，他可以自己打手槍，妳是不會有意見的啦！妳可以試著玩自己，希望他能夠學妳，也玩他自己。或許妳也可以讓他知道，妳喜歡看他打手槍。妳更可

以藉著看他自慰的機會實地觀摩，看看到底他喜歡怎麼弄才會爽，然後學下來，增進自己的手功技藝。總之，如果這種事真的發生了，請牢記一件事：大家都喜歡玩M&Ms，不僅是只融於口，不融於手。

合菜大家吃
Combo Platters

當妳買鞋的時候，看到琳瑯滿目、各種名牌的鞋，有時候會舉棋不定，不知道應該買哪一雙。解決這個問題的辦法，就是全部買下來，因為妳總是會遇到不同的時機，需要穿不同的鞋子。流行服飾的穿著原則，是注重混合和搭配；妳也可以將各種不用插入的另類玩法融會貫通，結合在一起，達到最舒爽的感官享受。

你們可以先親親抱抱，彼此撫摸一下，然後把他弄到「普林斯頓刷肚皮」的姿勢，享受一下刷刷樂。如果他喜歡這樣做，有可能會達到高潮。所以妳要小心，在他快要到極限點之前，就得緊急煞車，以免回不了頭。然後妳應該花幾分鐘抱抱他，玩玩他的奶頭，冷卻一下他的情緒。接下來，請他背朝下躺著，由妳來幫他打手槍，或口交，或兩者一起來。在這個過程中，妳也可以玩玩自己，讓他知道，現在應該輪到他來為妳服務了。

當你們倆都已經熱情高漲、慾火難熬的時候，就放任他玩吧。你們可以變化姿勢，一起自慰。妳背朝下躺著，讓他跪著跨坐在妳上面。妳可以耍耍巧手，幫他的老二進

147

入狀況。在手上抹一些潤滑劑或乳液，讓這段性愛進行得更順暢。試試看用按摩技術（見第四章）為他服務。當妳覺得他已經準備好了，妳只要管好妳自己，睜大眼睛看著他，讓他知道妳正在享受觀看他的樂趣，然後，他就應該會克服羞赧，一洩千里。

等待的藝術
Wait Here

妳接下來的問題可能是：「當我在等他出來的時候，應該做些什麼呢？」妳可能正在想妳的指甲造型，但這時候並不是修指甲的好時機。在理想的狀況下，如果兩人一起自慰，你們應該差不多同時達到高潮。妳的男人花的時間比妳久很多的機率非常低。但是，如果這種狀況真的發生了，妳應該盡可能地幫助他。在他自慰的時候，把妳所有學到的絕招全部使出來，針對他的奶頭、內側大腿、屁股、睪丸，大舉入侵。一隻手抓住他的睪丸，另一隻手做成L形，按住他的老二根部，也有助於刺激他達到高潮。

如果他還需要更多潤滑，幫他在老二上或他打手槍的那隻手上塗抹一些潤滑劑。瑪姬姐姐發誓說，這種事發生的機會，就像鐵樹開了花，微乎其微；而丹尼哥哥則說，翻到第十二章，閱讀「豬屌」那一節的描述吧！

有一個重點妳必須牢記在心：不要對他的高潮顯露出興趣缺缺的態度；事實上，妳或許真的會對他的高潮興致勃勃呢。他喜歡妳用手幫他按摩，撫摸他的身體，所以他

並不覺得自己在唱獨腳戲。如果妳用崇拜的眼睛，注視著他的巨根，發出溫暖、愉快而熱情的讚嘆，為這場高潮戲畫下句點，他會喜出望外的。妳這樣子做，會讓他知道妳也很開心，也讓他知道，他自己打手槍射出來，是完全OK的。所以，加油，好好享受妳眼前的美妙景象。

電話激愛
Call Me

前面講了這麼多不用插入的另類玩法，讓我們想到另一組同樣也不用插入的性愛花招。這一招另類玩法的參與者，可以相隔兩地，也可以相隔兩個半球，就看妳有沒有預算付電話費啦！電話激愛可以為兩個有同樣喜好和品味的人，提供火熱而猛烈的感官經驗。這種東西不是深夜時段成人電視節目廣告中，那種男女之間的交談；電話激愛的兩方，應該是已經在一起的伴侶。妳或許會問：「幹嘛這麼麻煩？」但是妳的確可以試試看。

如果妳想知道電話激愛到底是怎麼回事，試試看去打0204熱線，實習考察一下。只是妳最好找個好理由，跟妳的丈夫或家人解釋電話費突然高漲的原因。

瑪姬姐姐和一個叫做理查的男生，曾經有過許多次浪漫的邂逅。這位理查是我們在附近酒吧認識的一個朋友，一個英俊、聰明、風趣的男士，最重要的是，他是瑪姬遇到過最性感的男人之一。關於這一點，我們也都甚表贊同。理查非常擅長在電話中激情挑逗，瑪姬有一段時間，

一直在懷疑理查是不是有老婆、孩子住在偏遠的鄉下。

後來瑪姬搬走之後，理查偶爾會打電話過來問候，但是他們的交談到最後，總是會變成性的對話。他會問瑪姬：妳現在身上穿什麼？妳穿什麼內褲？妳有穿內褲嗎？妳跟我說話，會不會渾身火熱？剛開始的時候，瑪姬根本懶得回答他的問題，覺得實在有夠無聊、愚蠢；但是另一方面，她又有一點被迷惑的感覺。理查會對瑪姬描述自己上次看到她所穿的衣服，以及他們上次一起做的事，告訴瑪姬和她講話是多麼地讓自己血脈賁張、堅硬如鐵。理查在電話中對她諂媚、調情、嬉弄、呻吟。在他的激情蜜語中，瑪激情不自禁地把手伸進了自己的內褲。瑪姬並不是沒有一個人玩過，但是這場電話激愛，卻是她前所未有的經驗。理查是這方面的專家。在理查的性感言語中，瑪姬想起好多美好的感覺，想起理查的身體在她上面的感覺，想起理查巨大可口的老二，還有理查撫摸過她身體的手和嘴唇。簡而言之，理查從電話交談中，把他們倆都帶到了高潮。

電話激愛，最好是發生在兩個至少有過一些性關係的伴侶身上。妳只要想像，當妳的老公某天晚上突然從辦公室打電話給妳的時候，妳會感覺多麼興奮呢！在電話激愛中不要說他聽不懂的東西，也不要提你們根本沒有做過的事情。如果妳平常習慣用「可愛」來形容他的屌，那麼當你在電話激愛中叫他「爽熱棒、粗屌、大肉棒」，他是完全不會有感覺的。

總歸一句話：在如此的場景中，妳一定要積極參與。

請記住：他看不到妳的臉，需要從妳的聲音感覺到妳的熱情，而妳也要從他的聲音中感覺到他，否則你們的對話只會變成第二天他去扶輪社聚會的笑話了！

網路性愛
Cybersex

線上性愛交談讓某些電腦玩家非常著迷，這群人似乎都在某種特別的年齡層。我們以為會一天到晚掛在線上的人，應該都是用功的學生或工作賣力的上班族，但有一回在一個高檔的同志派對中，有些頭腦發達的知識分子，也會黏在電腦前面，欣賞螢幕上基努李維的數位合成裸照。他們會在電腦中打入淫蕩的言詞，和網路上其他的同好交談、對話。很多人都承認，他們偶爾會喜歡上網，進入聊天室尋找性。

在線上性愛中，妳所交流的對象是妳從未謀面的人。有些人覺得，線上發展的情愛已經讓自己很滿足了。我的朋友克里斯多福一天到晚就掛在線上和網友聊天，他會跟網友約出來，在某個角落見面，如果彼此看不對眼，就擦身而過，各自回家。電腦性愛有可能演變成一次約會，一場風流韻事，甚至一段姻緣。但是妳要有心理準備，妳在線上遇到的情人網友，可能是個其貌不揚的小矮子，而不是妳期待中的高壯猛男。

第十一章

助「性」用品博覽會

Go for the Gold Ring!

曾經有兩個德高望重的職業婦女，想嘗試震動按摩棒的樂趣。她們用按摩棒的原因，並不是性生活不夠滿足，而是現代科技很好玩。她們覺得現代科技爲生活增加了許多便利性，像食物調理器的發明，就讓烹飪變得輕鬆自如。她們兩人又特愛行動電話，自然而然，她們想嘗試一些新的科技玩意兒，爲生活添加色彩。

兩位女士覺得用手解決性生活已經很完美了，可是她們想知道，還有哪些東西沒被開發出來。這是一個科技的時代，上網站看性感的裸體男人，並不是她們喜歡的高科技性愛方式；此外，她們也不喜歡背著老公，偷上色情網站看裸男。而且，她們都很想知道，老公會不會也同樣有冒險精神，也喜歡玩玩具反斗城的性玩具特區呢？

在她們居住的區域，隨便走出門就會遇到一堆熟識的鄉親父老，於是她們打開了電話簿，直接跳到「其他購物項目」那一類；然後跳上車，直奔一個叫做「快感帝國」的情趣商店，準備來一場狂野的採購。

來到這家性商店之後，她們像兩個頑皮好奇的小孩子，瀏覽著像乳頭形狀的馬克杯、性器官形狀的煙斗、老二形狀的義大利麵，以及印著淫叫字句的運動衫。她們伶俐地繞過皮革族的綑綁部門，直接來到了按摩棒專櫃。突然出現在眼前的一堆按摩棒，讓她們眼花撩亂。於是她們買了兩組陰莖造型、電池發動，而且價格低廉的按摩棒，迅速奔回車內。

她們興致勃勃地打開她們剛買的新玩具，放進電池準備測試。她們專心研讀使用手冊，然後把按摩棒插進彼此

的身體。突如其來的震動，把車上杯座裡的咖啡都給打翻了。路上的行人並沒有發現她們的異狀，而她們倆就像高中課堂上偷傳紙條被抓到的女學生，格格地傻笑著。這兩位女士樂昏了頭，開心得不得了，直到有人跑來敲打車窗，把她們嚇得花容失色、驚聲尖叫。在一陣驚恐中，按摩棒被拋來拋去，其中一根按摩棒平安掉在地上，另外一隻卻好像花式跳水，對準咖啡杯掉了進去，旋轉的按摩棒激起了陣陣水花，把兩個人搞得狼狽不堪。唉！只是爲了淘氣，竟然弄成這樣。而且剛才那個敲車窗的男人，只不過是想要她們的停車位罷了！

其實，這兩位女士所購買的按摩棒是單人使用的，或者是爲了在觀眾面前表演用的，絕對不是拿來給兩個人玩的。無論是同性戀男人或異性戀男人，都不大喜歡按摩棒。他們很難被一根複製過的塑膠假屌激起慾望。有些男人會懷疑這種東西真的能取代他們貨真價實的那一根嗎？最糟的是，他們還會拿人造假屌跟自己的屌互相較量，而且是一吋一吋、非常仔細地比對。

按摩樂，震到爽
Good Vibrations

除了那兩位女性朋友購買的廉價按摩棒，我們要建議一些更安全、更有力，而且更容易操作的產品。插電式的按摩棒需要電插頭，如果你在臥室以外的地方使用，可以用延長線。這種按摩棒可以變化速度，讓妳得到不同的抽

送感覺，彷彿和不同的男人做愛。如果妳週末晚上一個人在家，這種按摩棒可以快速爲妳提供樂趣。

國際牌震動器（Panasonic Panabrator）和日立牌仙女棒（Hitachi Magic Wand），在稍長的手柄上，附有可以控制速度的旋鈕。我們有一位異性戀朋友布萊德，累積了多年的實務經驗，覺得日立牌的比較好用。還有一種造型彎曲的按摩棒，可以讓妳輕易用在對方的身上；但是我們的朋友中，並沒有人眞正用過這種產品，所以我們不敢把話說得太滿。如果妳不想去太專門的店買按摩棒，其實也可以去一些更主流的藥妝店和量販店，它們供貨也很充足。

震動按摩棒可以用來緩和性愛，也可以用來刺激性愛——端看妳放的位置。我們在第四章提到過按摩的神奇效果。如果他喜歡採取主動，把按摩棒交給他，讓他爲妳演奏這首前戲序曲。妳的快樂呻吟和喘息，會挑起他的慾望，讓他興奮莫名。妳可以在口交或打手槍的時候，把旋鈕放在他的陰囊和屁眼之間的性感帶，作爲妳的報答，記得把速度調慢一點，否則他會被震到床下。

在性交的過程中，當他插在妳身體裡的時候，把按摩棒放在妳的恥骨上，這是你們倆享受按摩棒的最好方式，讓你們倆同時享受震動的樂趣。如果你們做愛的時候趴在床上，妳可以試著把按摩棒放在下面，也能得到同樣的效果。妳身體的重量可以固定按摩棒的位置。如果你們面對面，在下位的人只要把按摩棒拿到兩人身體的中間，就可以一起爽了。我們有一位朋友，想像力非常豐富。他做房地產生意，身上都會帶一個傳呼機。他發現如果把設定調

到靜音震動，他可以自己在褲襠裡開個小派對哩！他也發現，傳呼機的尺寸剛剛好，可以在他和女友之間滑過來、滑過去。

有個朋友拿了一本目錄給我們看，裡面有各式各樣讓人嘆爲觀止的性玩具。我們都非常驚訝、好奇，花了一整個晚上研究這份充滿著情色創意的型錄，也大開了眼界。這份型錄裡的產品琳瑯滿目，應有盡有，無窮的樂趣，讓我們悠然神往。型錄裡居然還有根據大屌A片男星老二的真實尺寸，複製出來的假陽具，而且很容易購買。如果妳對這些假陽具非常著迷，或許妳該認真思考一下妳的性取向。如果妳的男人希望妳用假陽具在他身上玩，我們建議妳現在就跟他說拜拜吧！這種男人玩爽了假屌，等時候到了，他遲早會去找一根真屌來玩。

環環相扣到天堂
Ring Around the Rosy

許多女性和異性戀男人，對於我們接下來要介紹的這個新玩具，都不是非常了解。這個新玩具就是——屌環。瑪姬姐姐有個朋友，在一家高檔的珠寶店工作，在他們的店裡，就可以買得到這種性玩具。有時候妳也可以在屌環上刻字，當作禮物餽贈親友。我們曾經去蒂芬妮珠寶店巡視過，但是並沒有找到屌環。所以如果妳要購買屌環，最好還是去妳家附近的情趣商店。

屌環的功用，就是要讓硬葛格持久耐操，長時間保持

硬挺。有些男人就是靠屌環打天下，他們也都同意，屌環大都是在特殊情況下使用，而不該時時依賴。如果妳和這個人很久沒有約會，或者是妳想把屌環用在剛認識的送貨小弟身上，最好先警告他，因為他可能會受到驚嚇，開始冒冷汗、手足無措。更糟的是，他可能會覺得自己被脅迫，因為他根本不知道那東西是做什麼用的。

屌環這種性玩具，還是比較適合已經在一起很久的伴侶使用，伴侶之間的信任感比較夠，嘗試新的東西也比較安全。如果妳正好是在這種狀況，可以大膽放手地去嘗試新鮮貨。送給他一個綁著緞帶的小盒子，裡面放個小巧的屌環，當作一份愛的禮物。這是一種很精巧、很淑女的邀請，不用透過言語對他提出建議，一同嘗試這個新鮮的玩具。當他把盒子打開之後，妳可以根據他的反應，決定下一步怎麼走。

妳可能會想像，這就像是玩夜市裡丟圈圈送公仔的遊戲吧。其實，丹尼哥哥也曾認為，屌環就是要套在那一根上面，後來他才知道原來事實不僅如此，因此感到非常驚訝。丹尼哥哥知道正確用法之後，仍然嘴硬不肯認錯，認為屌環套在屌上也很好；但是，他也欣然發現，在洞玄子大師博大精深的理念之中，屌環果然有更好的用法。

屌環基本上有三種材質：皮質、橡皮和金屬。男人的屌和睪丸，都必須放進屌環裡。妳可以想像，屌軟的時候比較容易套進屌環裡，勃起時候的屌甚至根本放不進去。就像很多女性喜歡私下安放好子宮帽，以固定正確位置，屌環也應該自己事先戴好。如果他喜歡屌環，一旦他戴上

去之後，會感到非常驕傲，像一隻公雞那樣到處炫耀。

有些男人喜歡一整天把屌環掛在身上，這麼做可以讓老二感受到一股溫和的刺激感，也可以讓他胯下的那一包看起來更雄壯威武。

我們有一個朋友，有一天戴著屌環逛大街。他可能認為自己是大隻佬，卻不知道外面冷得要死。一陣冷風吹進了他的褲管，那玩意從屌上脫落，滑到褲管下面。然後就聽到恐怖的叮噹一聲，屌環落到了地面，沿著人行道一路滾，滾到了大馬路上，最後被一堆汽車、公車、卡車、計程車一一輾過。這位大隻佬馬上變成了小弱雞，滿臉羞愧地夾著尾巴，火速逃離事發現場。

金屬屌環有尺寸大小之分，你可以拿來用在妳所熟識的男人的屌上。男人可不想看到妳的床頭櫃抽屜裡，擺了一組各種尺寸花樣都齊全的屌環共和國。妳可以憑自己的經驗，判斷妳的男人那一根是大是小，決定之後再去購買。大部分的男人偏好大一點的屌環，以證明自己也是巨大無比。屌環絕對不能夠太緊，否則會造成嚴重傷害，這是非常重要的。

皮革質料的屌環可以用釦子、帶子或魔鬼沾來調整大小。但是男人用到這種屌環，有時候也會覺得喪氣而興致全消，尤其是當他發現——原來這只皮屌環早就被別的男人用過了——他竟然用二手貨。

還有一件事必須特別留意，如果妳的男人對屌環太過著迷，成天想要各種越野蠻越好的SM配備，那麼他需要的對象恐怕是男子漢，而不是女人了。

屁眼塞，塞屁眼

Bottoms Up!

　　這個種類的新玩具是用來插屁屁的。妳可能會愛上這種東西，也可能不喜歡。很多人應該都還記得，有一集「新婚宅急便」（The Newlywed Game）的電視節目中，主持人問在場的三對新婚夫妻：你們有沒有在什麼奇怪的地點炒飯啊？其中兩對夫妻的回答都稀鬆平常，但是第三對卻回道：「在屁眼裡炒飯啊，鮑伯。」

　　如果妳無法確定妳的男人是否喜歡來這一套，有個辦法可以測試——在妳的一隻手指塗上潤滑液，然後輕輕地塞到他的屁眼裡。如果他發出「喔！喔！」的呻吟聲，而不是「唉唷喂」，妳就可以去情趣商店買東西了。

　　這種用來塞屁眼的東西，男同志稱之「肛塞」（butt plug）。肛塞的種類繁多，最普遍的一種形狀狹窄，具有彈性，可以彎曲，頂端是圓形的，上面蓋著一層乳膠，可以輕易拆卸清洗。我們聽說有一種屁眼塞是用電池發動的。然而就像電池發動的震動按摩器，電池有可能侵蝕、爆炸，而且還可能不挑時間，突然失靈，所以對於這種電池發動的肛塞，我們持保留態度。

　　瑪姬姐姐有一次在他的男友家過夜，他的男友對自己的性取向非常堅持。但瑪姬姐姐跟他睡在一起的時候，老覺得他可能是同性戀。有天半夜的時候，瑪姬姐姐起床尿尿，卻發現衛生紙用完了。於是她睡眼惺忪地在水槽下面的櫃子裡找衛生紙，卻驚訝地發現到，櫃子裡有一個塗過

潤滑液的旅行用牙刷套。當時已經是凌晨兩點鐘，瑪姬姐姐馬上墊著腳跟，跑下樓打電話給丹尼哥哥求助。

我們猜想那個牙刷套應該就是拿來塞屁眼用的，但是更令我們驚訝的是，居然還是潤滑過的，隨時可以使用。丹尼哥哥告訴瑪姬姐姐，把牙刷套放回原位，完全不要聲張，假裝根本沒發現。這件事我們一直牢記在心裡，也因為我們對於彼此的坦誠和幫助，讓友誼更加堅固。

無論在任何情況下，千萬不要把可能會取不出來的東西塞進屁眼；無論在任何情況下，千萬不要把尖銳的東西塞進屁眼；無論在任何情況下，千萬不要把妳所不希望塞進妳身體的東西，塞進他的屁眼。己所不欲，勿施於人，而且，千萬謹記潤滑的必要！

愛你愛到夾死你
Clip Tips

在第四章中，我們詳細討論過乳頭的玩法。還有一種小玩意兒，也可以增進你們小倆口之間的情趣，就是「乳頭夾」。市面上可以買到的乳頭夾，有一種是單獨購買的；另一種則是兩個一對，中間有一條八到十英吋的橡皮繩連接。乳頭夾的基本功能，就是用力夾住奶頭。有些男人偏愛此道，有些人則不。想像妳躺在床上，妳的伴侶在妳的身上，而妳的奶頭被緊緊地夾住，只要不造成痛苦的傷害，這樣的感官享受是非常美味刺激的。

喜歡用附著帶子的乳夾的人，通常都喜歡讓人一口氣

拔掉乳夾，在一夾一拔之間尋求快感。聽起來似乎有點恐怖，但這都是個人偏好。如果妳直接拿起乳頭夾，在伴侶的乳頭上夾，可能會引起他的不滿。妳可以從床頭櫃裡，把乳頭夾拿出來，然後暗示妳的伴侶，要求他把夾子夾在妳的身上。如果他的反應，好像覺得妳是個神經病，妳就發出熱情嬌媚的喘息，讓他感受到妳性感又感性的乳頭正在噴著火。如果他感興趣，妳就把乳頭夾夾在自己的身上。當他發現這樣做對妳毫髮無傷，又發現妳是多麼的樂在其中，或許他會更願意讓妳在他的身上夾夾夾。當妳要繼續下一個步驟，玩其他難度更高的性遊戲時，別忘了小心翼翼地把乳頭夾輕輕取下。

大家一起看電視
Better Living Through Television

許多女性都不了解電視的威力，這讓我們感到非常訝異。電視，乃是男人最原始、最簡便的性挑逗工具！或許妳對性玩具不感興趣，因而大驚小怪──但在今天這個時代，弄個色情錄影帶來看看，實在一點也不丟臉。除非妳居住在清教徒社區，附近只有一家百視達，否則幾乎每一家錄影帶店，都會有成人影片專區。

另外一份非正式的調查統計顯示，女性比較傾向聽覺，容易被色情故事激起性慾望；而男性則比較屬於視覺系，喜歡親眼看人做愛。男人，就是喜歡看。如果妳不信的話，只要想想那些長年營業、歷久不衰的色情電影院和

24小時偷窺秀。這些以視覺為主要賣點的聲色場所，顯然有大批死忠的支持者。即使是在最典型的單身漢派對上，也都會有蛋糕裡跳出美女的表演，或者大夥一起去妓院嫖妓。然而在這個時代，男人們取樂的方式，就是存滿老二的精液，到朋友家去看片。

色情錄影帶最美妙的地方，就是讓妳可以從成千上萬、五花八門的電影中，找尋到妳所需要的性幻想。妳也可以在閒暇的時候，在妳私人的小空間先預覽一下，找到適合妳看的電影。如果妳覺得某一部片子很噁心，那麼跟他一起看那部片，對你們倆都沒有好處。如果妳有冒險精神，就去找自己愛看的片。妳的男人將會對妳刮目相看，也會樂意和妳一同欣賞妳為他所挑選的絕色猛片。

有些人會覺得一起看色情片感覺不錯，但是並不想看到那種直接大膽、太過生猛的A片。碰到這種情況，我們建議妳可以用一些比較軟調的色情素材做為開始。例如：《閃電俠之肉慾篇》（Flesh Gordon），描寫宇宙英雄擊敗可怕的陽具形狀太空船；或者是色情經典《深喉嚨》（Deep Throat），都是很好的錄影帶挑逗入門。這兩部古典情色電影，從今天的角度來看，已經是非常含蓄的了，但是妳的男人還是會了解妳的一片苦心。那個時期的其他老式色情片都太過古怪，男人都穿著塑膠褲子、梳著高高的髮型，以及皮革族情節。

色情片的片名，也是充滿著趣味和玄機，例如經典名片《大老二夢遊仙窟》（Phallus in Wonderland）、《性艦迷航記之淫河飛龍》（Sex Trek : The Next Penetration）等。如

果妳不知道從何處開始著手，可以試著從錄影帶盒子上的發行日期作為選片依據。六、七○年代製作的色情片，大概就很酒池肉林。如果妳害怕把錄影帶拿到結帳櫃台，只要不經意地告訴店員——妳要開一個未婚女子派對——根本沒有人會注意妳。

說不定妳其實想看更勁爆一點，不過很多男人看到兩個女人做愛的畫面，都會非常興奮，他可能會以為妳在暗示他什麼。所以不要製造機會做妳所不想做的事。男人都是這副德行，頭腦簡單得很，妳給他看什麼東西，他就以為妳也想要那個東西。所以，針對妳的需要謹慎選片，他會知道妳的用意的。

好了！現在妳想知道，應該在什麼時機把錄影機打開呢？我們先前已經教導過妳，錄影機和電視一定要放在臥室裡明顯的位置，可以從床上一覽無疑，而且遙控器一定要準備妥當。把錄影帶按照大膽尺度的順序排列。如果妳對這個男人認識不多，妳可以先打電話，邀他過來喝杯啤酒，請他和妳一起看個片。如果他問妳要看什麼片子？妳就唸出一堆片名給他聽。這時候要小心，不要緊張而壞了事。女人對這方面比較不拿手，他可能不相信妳說的是實話；可是妳還是告訴他，要他過來自己證明。在妳把爆米花爆好之前，他就會火速抵達了。

假如他是妳的老公，或是妳正式交往的男朋友，妳可以找個悠閒輕鬆的傍晚下手，把一堆色情錄影帶或DVD疊成一堆，然後在錄影機裡先放進一捲。告訴妳的情人，今晚妳要給他一個驚喜，為他安排一個特別的餘興節目，邀

請他和妳一起上床。如果妳想確定他真的了解妳的用意，而且樂在其中，就用手去摸摸他的棒棒；在片頭演員表結束之前，他的那根肉棒就會開始探頭探腦、躍躍欲試。其他的事情，妳就不用擔心了。

如果這個男人是妳約會結束之後，很想勾引的男人，那麼最好的方法就是玩個小把戲，在你們回到家之前，先把一捲調皮的錄影帶轉到高潮的部分，放進錄影機裡。回到家之後，請他喝杯飲料，隨性打開電視和錄影機，再把遙控器交給他。然後一切都會如妳所願，用錄影機的快轉速度一路進行。

第十二章

堅持原則

Hold the Action

男人對於嘗試新的性愛遊戲，確實比女性具有冒險的精神。或許是因為男人都不想被當成沒種的弱雞，也或許因為男人A片看太多，也可能只是因為男人比較敢身體力行。妳有沒有問過男人，他是否曾經嘗試自己幫自己口交？其實我並不知道答案，也不想知道答案。事實上，即使是最開放、最願意嘗試新鮮性愛花招的伴侶，也會有挫敗的時刻，或者被要求做一些自己不想做的事。他們無論如何就是不喜歡做、不會去做，也根本沒有做過。這就是本章將要討論的主題。

在壓力下仍舊保持優雅
Grace Under Pressure

菲利普是我們一位同志朋友，外表體面的他，提起最近圈子的朋友開始迷上了黃金浴，而且他自己也親自嘗試過。所謂黃金浴，就是在你的性伴侶身上撒尿。菲利普竟然做這種怪異的事，實在讓我們難以想像；就像我們無法想像他在屁股插上一枝百合花，然後大搖大擺地過街一樣。不過我們很好奇，忍不住想知道結果，所以便起鬨要求菲利普告訴我們，他到底如何回應對方的要求。

事情是這樣發生的，菲利普的模特兒男伴，在一時的激情下，要求菲利普對著他撒尿。菲利普說那個男模特兒身材火辣得不得了，如果這麼簡單一件事就能讓他開心，何樂而不為呢？看到對方開心，他自己也會慾火高漲。我們問他：「你在尿的時候，怎麼有辦法忍住不笑？」這時

候丹尼開始狂笑，瑪姬繼續問菲利普，至少應該先到浴缸裡再尿吧。不過呀，我們要菲利普放輕鬆一點，有件事是可以被容忍的，雖然這種行為混雜了形式與功能，但是並不會對他人造成傷害。此外，菲利普堅守了一項基本原則——即使在壓力之下依然要保持優雅。

既要保持清醒的判斷，必要的時候得拒絕對方，還得隨時散發性魅力，確實是件很困難的事。或許這就是為什麼許多男同志在報紙上刊登徵友廣告時，都會講清楚自己是零號還是一號。雖然大家都不喜歡把自己侷限在一個無法打破或逃脫的框架中，不過為自己定義出界限，還是有必要的。然而，情人對妳的要求，或多或少也該考慮一下。當妳要嘗試新鮮玩法的時候，到底應該先思索一下，還是完全不動心，關鍵就在妳個人的彈性。同時，當這種壓力大到妳不得不和伴侶畫清楚界線時，妳該說些什麼話也非常重要。

首先，妳要先考慮清楚你們倆之間的關係。有些情侶們是朝夕相處，成天黏在一起；有些情侶卻是很難碰到面，只能靠答錄機訴衷情。如果妳那位焦慮過度的銀行家老公想找刺激，把花生醬淋在妳的蜜桃上面，我會說：有何不可！大不了多洗幾件衣服，妳也不會有其他損失。只是我們可能要建議妳老公去做血糖測試，怕他糖吃得太多，吃出病來。或者，妳那位創意十足的音樂家男友要求妳改變造型，把陰毛剃成搖滾歌手的造型。碰到這樣的情況，也讓人進退兩難。妳應該分辨得出，他是不是做得太過分了。愛搞怪的人和真正的瘋子，應該很容易區分吧。

如果你們已經交往一陣子的話，更容易分析出對方到底屬於哪一種。

轉眼間，妳就要決定，他的要求到底應該接受還是不接受。我們先前已經聽丹尼提起過那位英國吸血王子的故事。輕聲細語和呻吟說道：「喔！不要這樣。」並無法阻止這場齜牙咧嘴的恐怖悲劇，丹尼只好被迫翻臉拒絕。另一方面，我們另一位朋友羅莉——一位時裝店老闆，跟一個男人約會幾次之後，對方忽然拿出一把炒菜鏟交給羅莉。剛開始的時候，羅莉不知道該怎麼辦，直到那個男人主動把臉朝下，趴在床上，羅莉才知道，原來對方希望她把他當作一個頑皮的小孩，打屁股處罰。這個舉動完全無法激起她的性慾，不過這樣做既然不會造成傷害，還可以讓她隔天在店裡告訴大家這段奇遇，於是，羅莉也就放手做了。

舉棋不定
Maybe, Maybe Not

如果，妳長久的伴侶提出一些你們從未嘗試過的要求，而妳也覺得可以勝任愉快，那麼他的幽默感和創造力，實在值得讚許。或許他只是想為你們的生活添加一點刺激。例如：打扮得像個騷貨、在電梯裡嘿咻、穿中空內褲、剃毛、淫聲穢語、玩虐待、打屁股、震動器、手交橡皮手套等等。這些東西聽起來或許很怪，其實都只些稀鬆平常的入門把戲罷了！

在角色扮演方面也是如此。羅莉的情況並非特例，很多人的伴侶都希望被打屁股。我們有許多朋友，有同性戀也有異性戀，都說他們的男人想玩綑綁的遊戲。這種案例太多了，多到沒辦法一一說明。性幻想並沒有大礙，只是別讓幻想成為性生活的重心。

如果妳的男人一直堅持要把繩索套在妳的脖子上，玩牛仔騎馬的遊戲；或是要妳扮成一條魚，而他則扮演用魚叉捕獵妳的漁夫。如果演變成這樣，我們建議妳好好思考一下，是否要繼續這段感情。

在大多數的情況下，最重要的是克制自己不要笑出聲來。妳可以學習我的朋友安東尼——假裝自己是葛莉絲王妃，正在參加一場外交晚宴，其中有一道菜是炸螞蟻，此時身為王妃的妳必須故做鎮定，表現出妳非常尊重異國風俗，並且意思意思淺嚐一口。千萬不要說出這樣的反話：「哇！這道菜實在太好吃了，我每天晚上都要拿它當甜點大快朵頤。」誰知道，也許對方的小小要求，在日後會變成妳的最愛。

萬一妳覺得這些把戲會沒完沒了，比較簡單的做法是帶著微笑對他說：「不好吧，我不是很想要。」在一些較不會造成傷害的情況中，不論妳是直接地畫出界線，或者是不經意的阻止，都只是妳的個人風格罷了。最佳解決之道，還是找一個同樣有趣的替代方案，代替他怪異瘋狂的性要求。

男人都不會拒絕妳幫他口交，特別妳又是這本書的讀者，功夫一流，誰能抵抗妳的攻勢呢！

不說也知道
Read My Lips

　　如果妳的伴侶想做一些很奇怪的事，好比在妳身上滴熱蠟油、跟家裡養的狗交媾，或是其他會動用到刀叉的性愛遊戲，那就又另當別論了。「我現在沒那個心情」這種回答似乎不夠力；「你在開什麼玩笑」這種回答也不是很恰當，因為也許對方是很認真的。「我不喜歡做這種事」、「我不要」這些回答，只能表示妳並不想陪他一起玩。妳的表情跟表達方式非常重要，一開始要很有禮貌，不過在必要情況下，還是要堅決地拒絕。如果對方還不死心，繼續死纏濫打，那麼妳就該當場走人了。

　　即使是在一起很久的情侶，也會有意見相左的時候。如果妳不希望被銬上手銬、不要和他的死黨上床，或者不爽在屁股裡入珠，也不想讓他看著妳跟其他女人搞，妳都可以大方地說「不」。如果他笑妳太過保守，或是想強迫妳做妳不想做的事，就叫他滾蛋，不跟他玩了。

173

與陌生人共舞
Dance with a Stranger

　　如果你們倆只是非正式的普通性伴侶，那又是另一回事了。有時候妳會覺得幽默有趣，但有時又並非如此。安東尼還很年輕的時候，才剛見識到費城花花綠綠的同志世界。不久之後，他就受邀到一位有名望的貴族紳士家中作

客。他們開始脫掉衣服親熱，但是後來並沒有往臥房方向前進。那位紳士反而把安東尼帶到廚房的餐具間，把幾罐水蜜桃罐頭遞給安東尼，然後對他說：「砸到我身上！」安東尼一開始不知道該不該打開罐頭，遲疑了一下，心想：對方應該比較喜歡水蜜桃，而不是冰冷的水蜜桃罐吧。於是安東尼打開水蜜桃罐，取出水蜜桃，仔細地瞄準目標，往他身上砸，然後這位紳士全身被丟滿了水蜜桃。他對安東尼的領悟力非常讚許，於是便帶著安東尼到沙凡那港市度週末，在那裡盡情地玩水蜜桃遊戲。

對於認識不深的人，妳必須自己做出正確的判斷，決定該跟這個人玩到什麼程度。我的另一位朋友保羅，在網路上認識一個男人，他們約好地點見面，結果沒想到那竟然是一間性虐待酒吧。雖然他不是很自在，不過後來他發現自己漸漸被酒吧裡的表演所吸引，特別是當天晚上是酒吧的性虐待特別節目。但是當保羅的男伴開始示範性虐待用具時，他馬上決定趕快落跑。

安全脫身
Exit Stage Left

談到這裡，我們又想到了另一個重點。如果妳在對方家裡，妳可以選擇離開。男同性戀者都會在口袋裡準備好計程車費，以免約會狀況不如預期，可以盡早走人。

我有位朋友約翰，跟一個他很喜歡的男人上了床，突然間，他聽到從天井那邊傳來了一陣重擊聲，而且是非常

奇怪的聲音。他們當時在一棟三層樓的公寓裡,而當約翰知道發出吵鬧聲是那個男人的前男友時,感覺就更加奇怪。這位前男友開始敲打房門,而且開始用很多不入流的髒話來罵約翰。約翰拿著預先準備好的計程車錢,馬上轉身就跑。

同樣的情形也發生在瑪姬身上,有一次她跟一個著名的建築師約會,這名建築師邀請她到鄉村小屋度週末。聰明的瑪姬跟對方約在目的地見面,如此一來,她就可以自己開車去。剛開始一切都很好,直到那個男人開始把手放在瑪姬的脖子上,而且差點把她掐死。

當瑪姬奮力掙脫他的手之後,這位建築師竟然說她是怪胎,因為他的前任女友都很喜歡這招。瑪姬一邊穿上衣服,一邊告訴他,她理想中的約會並不是這樣子。然後火速離開現場。

如果妳帶男人回家,可能就麻煩大了。我有個朋友,也許是被對方的俊美外表迷得鬼迷心竅了,邀請這位哈佛高材生回家過夜。奇怪的是,同樣的事又上演了,這個男人又把手搭到我朋友脖子上要掐死她,不同的是,這位仁兄竟然不願離開。她在盛怒之下,拿起煙灰缸把一面落地鏡砸破。我朋友還算鎮定,捲起他的衣服丟到門外,接著把自己鎖在浴室裡,打電話報警。這老兄也算幸運,在警察來之前就先走了。

同性戀男人在體型上佔有優勢,比較有能力保護自己,可是如果不是情非得已,誰喜歡使用暴力呢!我們能給妳的最佳建議是:在答應對方的要求前,先把自己的感

覺說清楚。保持鎮定,然後理性而禮貌地拒絕對方不當的
要求。

拒絕對方時,千萬要態度嚴肅,別笑出來,否則他會
以為還有妥協的空間。如果這些都沒用,那麼就給他好
看,拿起手邊的一杯水,潑得他一身濕,請他立刻從地球
上消失。

性挫敗的處理
Coping with Frustration

早洩 Speed Shooting

太早射精可能會讓一些女性感到困擾,不過男同志對
此卻不是很在意。為什麼呢?因為男同志都希望在床上的
表現讓人印象深刻,最終的目標是要爽。所以誰會管你早
射或晚射,爽最重要。不過,既然我們這本書的目的是要
讓妳的男人在床上欲死欲仙,那麼既然爽到了也就大功告
成,還要強求什麼呢?所以我們認為,何不讓第一回合就
此結束,然後接著進行更激情、更銷魂的第二回合呢?

醉屌 Drunk Dick

酒喝太多,都是派對惹的禍!現在面臨了一個難解的
問題,因為不管妳怎麼賣力,都很難讓他那根喝醉的屌勃
起。這種情況下,只好閉起眼睛睡一覺。也許隔天清晨硬
葛格就會升旗向妳致意了。搞不好會在半夜給妳一個意外
驚喜也說不定。

嗑藥屌 Drug Dick

我曾經請教我的醫生朋友，像是百憂解（Prozac）或百可舒（Paxil）這樣的抗憂鬱藥物，會導致讓人氣餒的副作用，應該要怎麼做才能克服呢？針對這個問題，沒有一個醫生能夠解答。這些藥物或許不會造成勃起障礙，可是卻會讓人無法射精。雖然對方無法達到高潮，可是他卻可以享受妳的指尖以及口技所帶給他的快感。盡量溫柔一點，展露性感的一面，讓他知道妳已經達到高潮。不過也要讓對方明白，當他的棒棒在休息時，還是可以利用嘴巴或雙手來滿足妳。這樣就算他沒辦法射，至少知道自己還有辦法取悅妳。

接下來就要談到另一種藥：違禁藥品。這裡不是指在嗑藥後打炮，或是那種讓妳感到全身火熱的催情藥物，而是指會讓男人持久勃起的藥物。這些藥物到底有什麼不好呢？因為這些藥會讓男人的屌歷久不衰，更糟糕的是，很多男人認為這是件好事。這跟我們前一節討論的情形很類似，只是這次他不需要借助工具。

豬屌 Pig Dick

不論是男同志或是異性戀女性，最痛苦的事，莫過於自己已經達到了高潮，還要繼續等對方也達到高潮。雖然我們都希望讓對方覺得這是最棒的一次，可是有些人偏偏對高潮的態度，表現得跟豬頭一樣。即使妳已使出十八般床上把戲，他還是不領情，不肯繳械就範。

如果妳有這種問題，那就使出妳所有的看家本領。萬

一這樣還是沒有效，妳也不必失望，只要暗示對方，讓他知道妳的舌頭、雙手，或是其他任何妳用來取悅他的部位都已經很疲累，現在該輪到他自己解決了。如果他已經開始自慰，那就別干擾他，否則會沒完沒了。假如他完全無法達到高潮，那妳不妨打開電視或點一根菸，讓他知道這一回合已經結束了。

精神分裂，軟硬不定的屌 Schizo Dick

我們的硬葛格有時會上上下下，卻無法一路「堅」持到底。我的朋友麥琪有一次帶了一個在義大利餐廳工作的年輕帥哥回家過夜，這位帥哥勃起之後，戴上了保險套。剛開始情況還好，可是後來他就軟掉了，不得不把套子拿掉。第一次發生的時候，麥琪還表現得很善解人意，可是這種情況重複了兩、三次後，她就沒有耐心了。

經過了幾小時的奮戰，用掉了半打保險套，麥琪已經懶得再跟這位軟屌哥繼續糾纏下去了。於是她便決定好好睡一覺，隔天叫這位帥哥請她吃頓飯作補償。當成本高過利潤時，想辦法減低自己的損失才是明智之舉。

死屌 Dead Dick

有時候妳可能會遇到欲振乏力的屌。如果對方是第一次碰到這種情況，或許多幾次經驗就會好轉。丹尼哥哥是例外，他發誓自己絕對不會不舉，只是需要休息一下。妳現在已經學會了讓對方銷魂的技巧，可是用這些絕招，還是會有踢到鐵板的時刻。有時候即使妳按圖索驥，還是沒

辦法讓對方勃起。

　　如果相同情形一再發生在妳的身上，妳得好好地反省一下，是不是妳的方法有問題。如果不是妳的問題，就該考慮是否還要繼續維持這段關係？他是否值得妳繼續努力？還是該學著放手？持續不舉可能會產生嚴重的後果。

　　妳已經學習到了這麼多高超非凡的性愛新招數，即使妳決定放棄現在這個男人，我敢跟你保證，下一個男人一定會更好。

第十三章

手到擒來
How to Get What You
Want

我們的朋友芭芭拉，告訴我們她在紐約地鐵碰到一位性感男子的真實經驗。芭拉拉和這位男子碰到面之後，就開始眼神交接、眉目傳情。從百老匯到曼哈頓高級住宅區，一路上都在眉來眼去。她的心怦怦跳著，被眼前這可愛的男人搞得神魂顛倒、欣喜若狂。最後，這個男人在九十六街下車了，可憐的芭芭拉的目的地卻是一百一十街，於是她只能眼睜睜地看著這個男人從她眼前走過，從此消失無蹤，再也尋覓不到。芭芭拉並沒有手到擒來，順利奪取到獵物，真是可惜啊！

幾天之後，芭芭拉跑去請教一位名叫羅素的男同志，把這段地鐵經歷告訴了他。於是，羅素把這個事件，以男同志的觀點，分析給芭芭拉聽——她應該跟著這位帥哥一起下地鐵。如果情勢需要，她應該一直跟到帥哥回到他住的大樓。如果已經跟到了大樓，卻還沒機會和他講到話，就繼續跟到他的公寓裡，假裝要拜訪朋友，她甚至可以演戲演到底，隨便找個人家，按下門鈴。

羅素認為，只要芭芭拉敢做到這樣的程度，好事一定會發生。芭芭拉無法想像自己會做如此直接而大膽的舉動，但是她對這一整套策略卻非常敬佩。大多數的男同志，都知道這一整套演練策略——如果有獵物出現在你的視線中，不要遲疑，馬上動手追，沒搞上手絕不輕言放棄；除非你已經不想要了。

異性戀男人總以為男同志無法固定下來。很多人甚至承認，他們很羨慕男同志可以隨心所欲，要什麼有什麼。然而要達到這樣的境界，需要結合自信心、好運道、好時

183

機，以及男人隨時隨地都想做愛的那一股強烈性慾。

我最親愛的好姐妹安娜說道：「女人做愛，需要一個理由；男人做愛，只需要一個地方。」不論這個論點是否正確，男同志總是有一籮筐的因應策略，把約會對象變成床頭人——也就是男同志所謂的一夜情、露水姻緣，或許也有可能變成一生一世的終生伴侶。如今風水輪流轉，現在輪到妳下手了，趕快對準目標，擷取獵物吧！

靚女必殺絕技
Premium Primping

同志即使是去酒吧跟朋友碰個面，也要大費周章，打扮得美美的才肯出門。你永遠無法預料到自己會碰到誰，所以得先做好萬全的準備。做臉、剃鬚、除毛、洗澡和深層護髮，都是絕對必要的。妳也一樣，這些必要步驟一個也不能少，雖然男同志有鬍子，妳沒有鬍子，但是妳還是有其他的部分需要照料。這也正是為什麼男同志永遠會遲到，卻從來不曾錯過日曬美容的約會。因為，只要妳知道自己美麗迷人，妳就會美麗迷人；當妳覺得自己美麗迷人，妳會更加迷死人。

打扮自己的時光，有時候比出去玩更有趣。我們會先開一瓶香檳，或是準備一杯調酒，然後開始做臉。男同志喜歡一面弄臉蛋，一面看蓓蒂戴維斯的老電影；但是我們比較喜歡瑪麗蓮夢露、羅琳白考，或是看《我愛露西》的重播。做完臉之後，我們會去洗澡、洗頭、修臉、去角

質，以及化妝。男同志大半都不化妝，但是上一點點粉來蓋住痘痘或黑斑暗沉，倒是非常簡單有效。尤其是玩了一整晚之後，不得不想個辦法遮住玩樂的痕跡。這些基本臉部美容都做完之後，就可以開始弄頭髮了。

約翰是個美髮專家，他有一套處理頭髮的獨門妙方。約翰洗完頭之後，會先戴上棒球帽，十五分鐘之後，抹上免沖洗護髮素，不用梳子，直接用手塗抹在頭髮上。等個五分鐘之後，用一把老式的七○年代吹風機吹乾頭髮。然後，拿幾個「葳娜」髮捲把他喜愛的髮型固定住，再噴上髮膠，就大功告成。在這個過程中，套頭的衣服得先套上，以免穿衣服的時候破壞髮型。有一次，約翰堅持要我們模擬舞廳裡的光線，確定他的頭髮可以在一群擁擠的人群中柔柔亮亮，閃閃動人。

185

內衣和外衣
Outerwear and Underwear

男同志選衣服，決定該穿什麼衣服出門，就好像在賭馬，決定該押哪一匹馬。選衣服穿要從最裡面開始選，男同志選擇內衣的態度，如同有人會看到他們的內衣。妳也應該有相同的選內衣態度。妳大可以把自己塞進曲線玲瓏的人造纖維內衣裡，塑造妳的魔鬼身材，讓大家對妳凹凸有致的身材側目；但是如果妳還有更遠大的野心，單單這樣子是不夠的。丹尼哥哥喜歡穿法蘭絨四角內褲，瑪姬姐姐喜歡穿紅莓色澤的蕾絲邊內衣。所以妳也應該了解，什

麼樣子的內衣最適合妳，最能讓妳綻放出無限風情。

細心挑選妳的衣著。合適的衣著，可以展現妳最好的一面，讓妳更加性感，更加有魅力，卻不至於像《好色客》（Hustler）的脫衣女郎那般低俗。丹尼哥哥喜歡黑色套頭牛津襯衫，以襯托他迷人的藍眼睛。瑪姬姐姐喜歡短裙，以凸顯她性感的腿部線條。男同志非常懂得掌握時尚造型，異性戀男人卻大都不精此道，他們只知道妳穿得好不好看。所以，在衣著上加把勁，絕對能唬倒他。

男同志不會穿著外套走進舞廳，即使冰天雪地的天氣，仍然一身輕便。因為假如妳去的地方無法寄放衣帽，就得把外套帶在身上，一整晚絆手絆腳。去舞池跳舞的時候，還得擔心丟掉昂貴的羊毛外套，這種罪誰願意忍受。更糟的是，妳還得大排長龍，等著取回外套。如果妳開車，就把外套留在車子裡，否則就別管氣溫，直接跳進計程車過來，說不定妳回家的時候，會坐到某貴人的高級轎車呢！

關於衣著最後要注意的一點是：根據我們非正式的調查，不論男同志或異性戀男人，都不喜歡龐大的手提包或大背包，尤其是在酒吧或舞廳，大包包更是惱人。我們的朋友查理有一晚在舞廳裡看上了一個女人，但是很不幸地，她帶了一個很大的手提包。這個龐然大物被她帶到舞池，放到腿上，還帶進吧台，片刻不離身。根據查理的形容，她在跳墨西哥帽子舞的時候，仍然帶著大包包上場，樣子可笑極了。所以妳身上的小東西、小配件，盡量放進口袋裡，不論放進妳的口袋，或是妳男性友人的口袋都

好，否則準備一個小一點的包包，讓妳可以輕鬆攜帶，不至於礙手礙腳、蠢態百出。大皮箱呢，就留到事成之後，妳和妳的男人一起去墨西哥旅行時，再拿出來吧！

釣人和巡人
Cruising and Scoping

「釣人」（cruising）和「巡人」（scoping）之間是有一點差別的，而我們在講話時，卻經常把這兩者的意思搞混。所謂「釣人」，就是異性戀男人認為男同志一直在搞的東西，也就是獵捕男人，讓男人上鉤、上床。當我們用到「釣人」這個字眼的時候，意思大多是如此。釣人的目的就是為了迅速找到打炮的對象。

而另一方面，「巡人」卻是一種更加微妙而有創造力的過程。妳在任何一個地方，隨時隨地都可以巡人。或許妳已經有過很多次巡人的經驗，只是妳不知道那就是所謂的巡人。在酒吧、舞池，聽搖滾音樂會或巴哈音樂會，都可以巡人。巡人的基本動作都差不多：用妳又快又準的電眼，迅速探查出視線範圍內，具有潛力、有可能成為妳性伴侶的男人。巡人的時候，不需要任何有意義的眼神交流，只是朝著所有的方向，掃射出妳的眼神，拋出一個短暫模糊、不甚明顯的一瞥。男同志在他們同志生涯的初期，就學會了如何巡人，而巡人也是他們出櫃的一部分。這套絕技，很快也將成為妳的第二天性。

在男同志街上的巡人動作，也就是所謂的「gay達」

187

（gaydar），就像一個馬路上的雷達。每個男同志都會告訴妳巡人的妙方，告訴妳如何停下來再轉身——妳在馬路上走著，看到了一個不錯的男人，你們一面擦身而過，一面打量著對方。然後怎麼辦呢？一直向前走，數到三，然後轉身。如果對方也對妳有興趣，他也會做同樣的轉身動作。有時候過一條馬路，這樣的轉身動作會重複三、四次，直到你們都已經隔了一條大街。然而這個時候，是一個刺激的關鍵時刻，妳必須決定，妳和朋友的咖啡廳聚會比較重要，還是應該轉過身，朝著他的方向走過去。對方要不是站在原地等妳走過去，就是會轉過身走向妳。

丹尼哥哥每次都會禮貌地問：「我們上個月是不是在史提夫的派對上碰過面啊？」其實大家都心知肚明，他這輩子從來沒有見過這個人。有時候妳會因爲這樣的因緣而開始往後的約會；有時候妳再也見不到他；然而也有些時候，妳會打電話到咖啡廳，告訴妳的朋友，妳今天沒辦法跟他一起喝咖啡了！

所以，當妳走進一家酒吧，第一個巡人的動作非常重要，因爲這個關鍵性的動作，將決定妳之後的行動。在進入擁擠的人潮之前，妳應該先看一看整個場子中，玩得最開心的那一群人在哪裡？那些呆板的遜角色在哪裡？那些混酒吧的無賴漢在哪裡？妳必須在看一眼的過程中，隨即捕獲這些資訊。除非妳對那些呆板的遜角色有致命的吸引力，否則妳的下一個動作，應該是朝著玩得最開心的一群人走過去。這群人才是妳應該接近的目標，雖然妳不一定能夠打進他們的對話，但是至少比和一群長髮披肩的怪物

在一起來得好。另外一個妳需要考量的因素是：理想的視角。妳必須選擇正確的視角，同時可以看到別人，也被別人看到。妳應該不願意瑟縮在黑暗的一角，沒人注意到妳的存在，場子裡發生了什麼好玩的事，妳也全部看不到。妳不會希望自己淪落到如此悽慘的地步吧！

在巡人方面，男同志酒吧的設計，比異性戀酒吧來得高明。男同志酒吧的環形巡人設計（circular scope），有時候稱之爲「螺旋走道」（twirl）。丹尼哥哥最喜歡環形巡人道，可以繞著走道勘查獵物。環形巡人道就是一條簡單的通道，環繞整個酒吧，在同志酒吧中，妳可以走完環形巡人道，整個場子繞一圈，而不會碰到死角。妳可以一個人走，也可以和妳的朋友結伴而行。如果妳和朋友在一起，記得有時候要揚起頭，高聲大笑，大家才會知道妳玩得很開心，也會看出來妳和妳的朋友並不是一對。如果你是和一位男性朋友一起在酒吧裡，妳一定要做好巡人的動作，讓別的男人知道，妳是自由之身，並非有男伴，這是非常非常重要的一點。在書店、健身房、咖啡廳和藝廊開幕酒會，巡人也能發揮非常有用的神效。

目標實踐
Target Practice

現在妳已經來到了螺旋走道，也看到了一個迷人的男子，很想釣釣他。他正朝妳的方向看過來，你們倆四目相接，交換眼神，似乎彼此都有點意思。這時候，妳得回看

過去，注視他一下下，大約看個五秒鐘，對他輕輕一笑，再把眼光收回來。再下一次妳回過去看他的時候，會發現他也在看著妳。重複這個過程，一遍又一遍地看回來、看過去。這樣看來看去的過程，有時候非常冗長。在男同志酒吧更是誇張，大家在正式動作之前，拚命地眉來眼去，百看不厭，時間拖得更長。但是現在妳是個女士，而他是男人，所以他理當開始第一步。妳可以就近取材，到他附近的吧台點一杯酒。如果他夠聰明，應該會上前幫妳買下這杯酒。否則，妳就一直把他納入妳的視線當中，不斷地玩眉來眼去的遊戲。順便看看他喝的是哪一種酒，打量一下他身上穿著的褲子、鞋子、配件，確定他夠資格，配得上高貴的妳。

190

如果他真的性感得不得了，妳就買酒給他吧！買酒給別人有兩種做法：第一種比較有趣，請酒保幫妳拿過去給他。酒保通常都很習慣提供這種服務，而且很樂意幫忙，可是丹尼哥哥有一回發生了一場災難。他對酒保詳盡地描述了心儀男子的穿著，並且對酒保指示他大概的方向與位置。突然之間，有個穿著一模一樣的男人，拿著同樣的一杯雞尾酒出現在他眼前。事情發生得太快，可憐的酒保甚至不知道他送錯對象了。丹尼哥哥只好趕快再上螺旋道巡人，而那個倒楣人卻一直搞不清楚，到底是誰送的酒。

買酒送人還有另一種比較安全的方法──親自去買酒，然後親自送到對方手上，至少這種方法可以確定不會送錯人。妳的動作會讓他非常驚訝，感動到說不出話來。所以妳在說「我想你會喜歡這杯酒吧！」之前，一定要先

想好接下來要說些什麼，免得大家陷在驚訝當中，一句話也說不出口。妳要記住一點：他接受了妳送的酒，並不代表他就會跟妳上床。如果他一開口就言語無味，趕快禮貌性地結束交談，回去找妳的朋友。在酒吧裡面千萬不要對人粗魯無禮，因為今晚被妳怒斥的人，很可能就是明天妳找工作面試妳的人呢！

搞定生意
Closing the Deal

套句商業術語，通過面試的人叫做「適任」。在這裡，適任就是——經過了眼神交會、眉目傳情之後，這個男人對妳已經產生興趣，只要妳願意，他就會手到擒來。做生意的時候，搞定交易總是最艱難的任務。我們之前提到過，妳全新的性形象之一，是妳的自信心。妳相信自己可以得到妳想要得到的男人，而且妳所得到的，一定是最好的一個。

丹尼哥哥曾經有過無數次風流艷遇，他們出去約會結束，最後回到他家。兩人親暱地說話說上好幾個小時，到了很晚的時候，對方會說：「太晚了！我該回去了。」丹尼也會說：「好吧！」兩人一起走到門口，再說話說個幾分鐘，才接吻道別。然而這個晚安之吻卻一發不可收拾，最後變成了一夜纏綿火辣的浪漫激情。

這一招對妳也一樣有用。如果妳不想讓這個男人進入妳的公寓，最後做決定的關鍵時刻，還是可以在妳的公寓

門口發生。重點是，一定要有一個人跨出第一步，而這個人有可能就是妳。我們說過，男同志都不會擔心自己是主動者，所以妳也不用擔心，放膽去做。妳必須知道，妳想得到的東西才是最重要的。

如果妳已經把他弄到了家門口，可是又不想要一夜纏綿火辣的浪漫激情，就跟他說聲再見，讓他回家。重點是，妳必須冒一點險。如果這一次不能順利成功，妳必須無怨無悔地面對下一次，勇敢踏出另一步，邁向更性感的未來。

挑逗的姿態和性感的對談，也是值得鑽研的技巧，但是不宜太誇張。丹尼哥哥有一套策略，讓自己從凝視、舉頭、輕笑的時機和動作中，散發出挑逗意味。有些男人覺得，不經意地把手指在下嘴唇上來回撫弄，也可以散發性魅力；而女孩子則認為，用同樣的方法，來回撫弄領口部位，也有同樣的挑逗作用。

挑逗動作重在纖細微妙，洗耳恭聽對方口裡吐出來的暗示。如果一個男人說：「我不要長久關係，我現在只想玩玩而已。」這個時候，妳可以說：「我也是。」雖然聽來有點低能，但是男人正在測試妳的底限。如果男人覺得妳也有同感，他會覺得比較舒服，安心地繼續下一個動作。根據我們的朋友佛雷的說法，這套技巧曾經讓他得到了兩次長久關係；至於那些數不清的露水姻緣和一夜激情，就更不用提了。

如果試過了所有的招數，仍然無法順利探囊取物，記住我們的中心指導原則：「抓住他的屌，直接上！」

妳愛怎麼幹，就怎麼幹
Having It Your Way

在情境喜劇中，當老婆的經常會說：「你今晚回家的時候，我會給你一個大驚喜。」這種情節在電視上或許很有趣，然而絕不是妳得到東西的方法。妳想對他所做的事，應該在當時執行，不用事先預告，效果將會更好。在這本書中，我們已經教過妳如何按摩、撫摸、呵癢、逗弄。妳可以先口說柔軟而淫蕩的言語，閃動妳的睫毛，然後，也是最重要的，撫摸他的手臂、手腕內側、雙手或大腿，這些動作都可以向他表示妳的企圖。把妳想要的男人弄上床並不是那麼困難的事。女人通常都讓男人先採取主動，而男人也想炫耀他的能力。如果是這樣，沒問題，讓他繼續做。妳只要記得，當他做到了妳想要的，用輕呼和喘息回應他，他會知道妳的意思！

有時候男人就像一隻豬，根本不去思考妳要什麼。男同志在這方面佔了優勢——對方要些什麼？希望他怎麼做？男同志都非常清楚。我們建議妳，讓男人知道妳的需要，是不可或缺的重要技巧。或許你們結婚已經很久了，或許你們的性愛已經變成無聊的例行公事；這時候妳必須更直接明瞭，告知妳的需要。因此，妳更必須明確知道該在什麼時候表達妳的需要，又該如何表達妳的需要。不過，不要讓人家以為妳是專門幹這一行維生的。

如果妳希望他做點以前做過的，但是他現在似乎忘記了，妳只需要對他輕聲說：「當你……的時候，我真的好

喜歡。」或者是「想到你（填入你想要他做的），我就渾身火熱。」如果妳希望他嘗試新的性愛姿勢，妳就直接進行。如果妳要他嘗試新的性愛花招，可以試著對他說，妳昨晚做了一個奇妙的春夢，然後開始描述妳想要的過程，以及妳的反應。絕對不要擔心他會以為妳是個蕩婦，男人都熱愛性愛，妳想和他做更多、更美、更好的性愛，他會更加喜愛。

沉默是金，多言無益
A Winning Way with Words

有些人喜歡做愛的時候講話；有些人則受不了做愛的時候講話。我們對做愛說話的態度偏向後者。做愛的時候還在說：「用力一點，寶貝！」實在無法讓人接受。同性戀男人都覺得A片裡的對白很白痴；但是有些人，特別是男人，做愛的時候卻喜歡說很多話。如果妳覺得做愛的時候很想說話，請參閱第九章。

說話的時候盡量簡潔，不要像在演說。如果妳想好好幻想他是阿湯哥，但是他卻講講講講個不停，如何叫他住嘴也是個大學問。解決這個問題的最佳絕招，就是在他的嘴唇上種下一個吻，讓他知道妳在暗示什麼。如果這樣做不成功，妳可以試著把手指輕輕擺在他的嘴唇上，然後輕聲細語對他說：「噓……我要聽你的呼吸喘息。」如果妳想更生動寫實，就告訴他妳喜歡聽他叫床。只是，對於異性戀男人，好像很難做如此的要求。

頒獎
Awarding Rewards

男同志對於性伴侶的表現，很少做任何正面或負面的評價，因為表現是好是壞，大家都看在眼裡。男人大部分都不會說什麼，做完愛之後轉過身就呼呼大睡去了；有些女人卻覺得，做愛之後似乎應該來點回應與挑戰。如果妳要這麼做，關鍵點仍然是：簡明扼要。妳可以簡單地說一句「哇！」或「真棒！」表達妳的欣慰。妳的呻吟和喘息聲，已經向他宣告了妳的感覺，也讓他知道妳真的開心。

然而，如果妳想維持優良的禮節而造假評分，決定權也在妳；只是妳得確定，他分辨不出這個名不副實的評分，是否發自妳的真心。所以妳想評分，就盡量去評吧。硬葛格和妳的男人，都會因為妳新的性愛技術，而享受到前所未有的狂喜。妳才應該得高分，拿獎盃。

第十四章

丹尼哥哥信箱
Dear Dan

親愛的丹尼：真的有「藍球」（blue ball）這種事嗎？如果真有，那到底是什麼東西啊？

「藍色的港灣」路易西安納州 紐奧良

親愛的「藍」：我從來沒有發生過「藍球」的狀況。但是我的朋友菲利普說過一次這樣的經驗，差一點被弄死。當時他和他的男朋友，有一段很長的時間沒有見面。好不容易見面之後，花了好幾個小時，開車到海灘去。菲利普當時很年輕，在開車的路途中，他非常興奮，結果蛋蛋竟然結凍，變得非常非常敏感，碰都不能碰。他說這種「藍球」現象是因為太久沒有射精所引起的。即使他們開了那麼遠的車，還是沒有辦法做愛。可憐的菲利普只好早點上床，希望明天早上有個更好的開始。

親愛的丹尼：每次做愛的時候，我都閉上眼睛。我想如果能看到男友自慰，一定是非常刺激的事。我該怎麼告訴他，我也想看呢？

「得獎的眼睛」羅德島 瓦區山

親愛的「眼」：第一步：張開眼睛；第二步：幫他打手槍的時候，把他的手放在他的老二上，然後妳開始玩自慰。他應該會知道妳在暗示什麼。

親愛的丹尼：你可能會覺得我的問題很奇怪。我男朋友的老二實在非常巨大。我的私處可以容納他的老二，可

199

是實在沒有辦法把他那一根巨棒，放進我的嘴裡。我該怎麼辦呢？

「流線翠斯」加州 比格塞市

親愛的翠斯：妳相信嗎？妳的問題並不是個少見的特例。妳可以用嘴在他老二的側邊上下舔弄，集中舔他龜頭頂端最敏感的那個部位。妳的手可以握住他那一根巨棒，而妳神奇的嘴，則多在他的睪丸和大腿上下功夫吧。

親愛的丹尼：我其他的一些女性朋友和我，對這件事有不同的意見。如果坐在男人的腿上，上下搖晃跳動，他會覺得爽嗎？還是會把他的老二壓傷呢？請指點我們吧！

「跳躍的潔基」伊利諾州 滾草市

親愛的潔：玩這一招的要點在於——控制妳的跳動，用正確的方式套弄他的老二。如果妳的男人是裸體的，妳可以先用妳的屁股，做緩慢而有節奏感的搖擺動作，劇烈地跳動有可能會傷到他。如果他穿著衣服，我們就不建議妳這麼做，因為他的睪丸有可能被褲子刮到。

親愛的丹尼：我很喜歡在一大早做愛。在上班之前做一場愛，感覺實在太棒了。可是，我的丈夫早上口臭很嚴重。如果要求他先起床刷牙漱口，會不會很沒禮貌？

住在波卡的「屏息」佛羅里達州 波卡拉頓市

　　親愛的「屏息」：是的，那樣做的確非常尷尬而無禮。還記得我們提到的「精心打理親熱的房間」嗎？比較好的禮節是，在妳的床墊下面，準備一瓶口香噴劑。先噴一點在自己的嘴裡，再要求他張開嘴，也噴一些在他的嘴裡。然後就迅雷不及掩耳，抓住他的屌，直接上！我敢保證，他根本不會提口香噴劑的事。

　　親愛的丹尼：我認識這個男孩子已經很久了。我們一起去參加派對，一起度過週末的夜晚。我們會一起在家裡看電影，把我的頭枕在他的腿上吃爆米花。可是他從來不會對我做任何和性有關的事，讓我覺得非常沮喪。要怎麼做，才能讓我們從朋友變成情人呢？

　　　　　　「柏拉圖式戀愛讓我心煩」瑪里蘭州 波托馬市

　　親愛的「心煩」：抓住他的屌，直接上！

　　親愛的丹尼：如果我趴下去幫一個沒有割過包皮的男人口交，而他的老二還沒有很硬。我應該拉下包皮，露出他的龜頭？還是用嘴唇舔弄他的包皮呢？

　　　　　　　　　　　　　　「荒心包皮」德國 法蘭克福

　　親愛的「荒心」：試試看用妳的嘴唇，環著他的老二舔弄。用妳的舌頭，玩弄他的包皮。然後拉下包皮，握住他老二的根部，把他的老二放進嘴巴裡。巨龍馬上就會甦醒了！

201

親愛的丹尼：以前做愛的時候，我們都可以從精液潮濕的感覺，知道男人已經射了；但是現在男人都帶保險套，做完之後就都把保險套剝掉。我該怎麼確定，他是不是真的得到了高潮？有辦法分辨出來嗎？

住在達拉斯的「納悶」德州

親愛的「納悶」：這年頭，不論是男同志或者異性戀男人，越來越多男人都學會了假高潮，真是讓人吃驚。這個現象應該不是問題。後來我讀到了一篇報導，描述一個異性戀男人第一次假高潮，於是他的女友認為他可以來第二次。如果妳的男人先呻吟哼叫，然後馬上衝進浴室，把保險套沖進馬桶，妳仍然無法確定他是否真的射了。不過，如果妳的男人馬上倒頭就睡，他一定是真的得到了高潮，或者是玩得太累，不想再繼續了。

親愛的丹尼：我覺得跟我約會的男生是個同志。他是個很有責任感的好情人，在床上也非常盡責。但是我就是有這種感覺。怎樣才能分辨他到底是不是呢？

西好萊塢的「好奇」加州

親愛的「好奇」：看起來，妳的愛情生活非常完美，無從抱怨。但是我們也了解，有些事情，還是知道比較好一點。或許妳的男人並不知道自己是男同志，或許他不想知道，也或許他根本沒有想過這方面的問題。然而有些生活上的蛛絲馬跡，可以提供給妳，作為判斷的線索。查查

看他的CD收藏。他有百老匯音樂劇的CD？還是九吋釘合唱團（Nine Inch Nails）的搖滾樂CD？妳在他家裡的時候，他會拿出法國酒和法國小菜出來招待妳，還是拿速食罐頭出來招待妳？他浴室裡的美容美髮產品，會不會比妳還多？這些擺在眼前的事實，足以證明他的性向，不容妳懷疑。

親愛的丹尼：我可以有多次高潮。有時候，我的伴侶會在高潮之後扭動身體，製造第二次高潮。男人到底要花多久的時間，才能開始第二次呢？

缺乏耐性的「露西」密西根州 葛蘭雷比斯市

親愛的「沒耐性」：妳或許可以翻到前面，查一下「住在達拉斯的納悶」的問題。假設妳的男人真的有過高潮，如果他是十幾歲的青少年，大約需要○到五分鐘，就可以做第二次；如果他是二十多歲的男子，大概需要五到十分鐘；三、四十歲的人，大概需要十到二十分鐘。如果他超過這個年紀還想來第二次，妳最好先洗個澡、洗個頭，把頭髮吹乾，再塗上指甲油。妳可以塗三層指甲油，看看等不等得到他再顯神威。

親愛的丹尼：我喜歡為我的男朋友口交，可是他卻從來不會幫我口交。我應該怎麼做，才能誘導他呢？

「三角洲皇后」維斯康辛州 比佛丹市

親愛的「三角洲」：別再為他口交了！

親愛的丹尼：我新認識了一個男人，也很喜歡他；可是我一看到他的老二，就冷了下去。我該怎麼辦呢？

「想作嘔」密西根州 波音特市

親愛的「想作嘔」：這個問題的重點在於——妳要比較一下，他的老二真的那麼糟糕嗎？糟糕的程度，高過於妳對他的慾望嗎？如果他的個人優點，超過了他老二的缺點。妳就閉上眼睛，想像他是布萊德‧彼特吧！

親愛的丹尼：我很幸運擁有一個熱情的伴侶，但是有時候，他實在是激情過度，讓我覺得自己好像在參加體操比賽。我希望他能夠放輕鬆，讓我閉上眼睛享受。我該怎樣告訴他，請他緩慢柔順一點，不要像個啦啦隊長？

匹茲卡他威市的「撲撲」紐澤西州

親愛的「撲撲」：男同志都會明瞭伴侶給他的暗示。一般狀況下，如果妳輕柔地撫摸他，他也會輕柔地撫摸妳。所以妳可以這樣做——讓他背朝下躺著，妳再輕柔地為他按摩，用口用手為他服務。除非他真的是個非常緊繃的男人，否則他應該知道，妳比較喜歡這樣的節奏。

親愛的丹尼：我的男朋友喜歡把食物放在我那個地方。我並不是個老古板，但是大部分的食物都會掉到床單

上，讓我覺得好像躺在一個垃圾筒裡。面對身上這些食物，我該怎麼辦呢？

　　　　　　住在伏里塔市的「吃到撐」科羅拉多州

　　親愛的「吃到撐」：噁心！噁心！噁心！男同志絕對不會這麼做，所以妳也不用這麼做。告訴那個男人，如果他肚子餓，請他先去麥當勞吃飽了再過來。

　　親愛的丹尼：我的老公每次高潮一結束，就非常迅速地倒頭呼呼大睡。有沒有辦法可以讓他清醒過來，繼續再玩第二回合呢？

　　　　　　雷諾市的「快一點」內華達州

205

　　親愛的「快一點」：里程數再高的汽車，也有需要加油的時候。男人玩第二次的能力，取決於他的年齡，這一點或許他不願承認。

　　男人高潮射精之後，他的老二會變得非常敏感，禁不起一點直接的刺激。但是妳不要讓自己的手離開他的身體。繼續輕柔地撫摸他的胸部、大腿和肚子，讓他知道妳還有興趣繼續玩下去。

　　如果妳這個時候馬上去調鬧鐘、關燈，或者是去點一根菸，今晚的節目絕對到此結束。

　　親愛的丹尼：我的男朋友說，他希望我能夠把他綁起來，讓他瘋狂。我可以想像怎麼讓他瘋狂，但是如果我要

綑綁他，需要特別做些什麼事，或說什麼話嗎？

　　　　　　　　　吐沙市的「綁起來」奧克拉荷馬州

　　親愛的「綁起來」：我很好奇，很想知道妳會怎麼讓他瘋狂。當妳在綁他的時候，告訴他妳以前得過女童軍結繩比賽的獎章，用妳的身體摩擦他的身體，親吻他從來沒有被吻過的地方，讓大屌哥哥春風得意。

　　親愛的丹尼：在網路性愛線上聊天室裡，應該說些什麼才好呢？我又怎麼知道對方是否已經有投票權了呢？

　　　　　　　　　住在奧南克市的「線上」維吉尼亞州

206

　　親愛的「線上」：線上聊天的本質，就是為了性幻想，所以妳就大膽狂野一點。只是妳要注意，不要把妳的性感語錄，不小心傳進妳們公司的電子郵件信箱。至於妳第二個問題，如果對方一直在談小甜甜布蘭妮，妳就應該可以想到，他一定還沒有駕照。

　　親愛的丹尼：救命啊！如果我住在旅館裡，房間內沒有床頭櫃，沒有我習慣使用的道具，我該怎麼辦呢？

　　　　　　　　　住在特里斯特的「約會」義大利

　　親愛的「約會」：叫妳的男人去旅館大廳拿一些冰塊。這時候，妳趕快準備一杯水，把保險套夾到雜誌裡面，再去浴室，把小型乳霜瓶拿到睡房。

親愛的丹尼：有沒有可能在結婚二十年之後，仍然保持性愛的新鮮感呢？

「熱情已婚者」肯德基州 長景市

親愛的「已婚者」：這本書中所提供的性愛招數，絕對會讓妳的男人大開眼界。我們一直相信，最美好的性愛，永遠是與妳深愛以久的情人一起進行。

所以，活用這些性愛招數，激起妳男人的熱情，享受美妙的性愛人生吧！

國家圖書館出版品預行編目資料

搞定男人：男同志給女人的性愛指導／
丹・安德森(Dan Anderson)，
瑪姬・柏曼(Maggie Berman)作；
但唐謨譯. 初版. --臺北市：
大辣出版：大塊文化發行，2004〔民93〕
面； 公分. -- (dala sex; 4)
譯自：Sex tips for straight women from a gay man
ISBN 957-29766-2-1（平裝）

1. 性知識 2. 同性戀

429.1   93010969

not only passion

not only passion

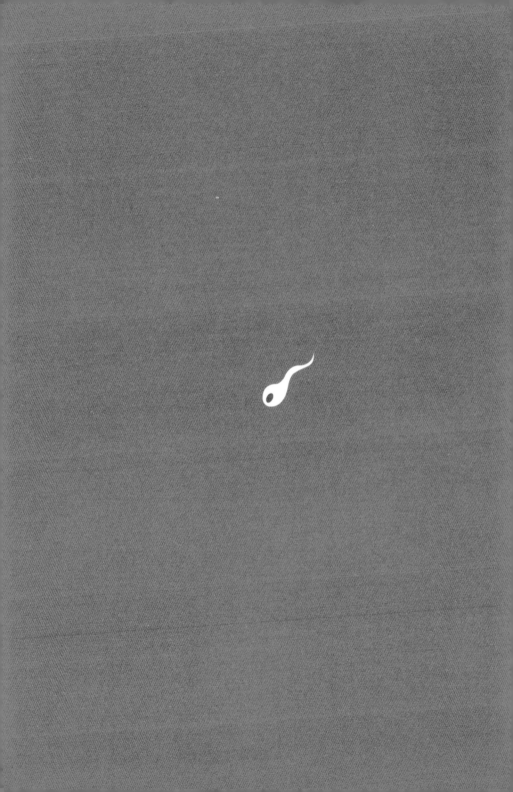